SketchUp 2018 三维建模操作手册

毕 红 主 编

柳少华 副主编

天津大学出版社
TIANJIN UNIVERSITY PRESS

图书在版编目(CIP)数据

SketchUp 2018三维建模操作手册 / 毕红主编； 柳少
华副主编. -- 天津：天津大学出版社，2022.4
ISBN 978-7-5618-7144-7

Ⅰ.①S… Ⅱ.①毕… ②柳… Ⅲ.①建筑设计－计算
机辅助设计－应用软件－手册 Ⅳ.①TU201.4-62

中国版本图书馆CIP数据核字（2022）第046240号

出版发行	天津大学出版社	
地　　址	天津市卫津路92号天津大学内（邮编：300072）	
电　　话	发行部：022-27403647	
网　　址	www.tjupress.com.cn	
印　　刷	北京虎彩文化传播有限公司	
经　　销	全国各地新华书店	
开　　本	787mm×1092mm　1/16	
印　　张	9.25	
字　　数	230千	
版　　次	2022年4月第1版	
印　　次	2022年4月第1次	
定　　价	48.00元	

前　　言

《SketchUp 2018 三维建模操作手册》是为中等职业学校艺术类设计与制作专业"三维设计与制作"基础课程编写的一本教材。

本教材旨在帮助中等职业学校学生学习 SketchUp 软件，掌握三维建模的基础知识，为学习更复杂的三维建模软件奠定坚实的基础。本教材最初为校本教材，经过在课程中的实际应用，赢得了教师和学生的广泛好评。考虑到中等职业学校学生年龄较小，软件知识基础薄弱，我们使用简单的案例，由浅入深的帮助学生学习建模的知识和技巧。通过任务引领，详解各个工具的使用方法，在任务中融入相关的知识和技巧。通过实战训练，强化学生的操作能力，达到"学中做、做中学"的课程标准。

本教材秉承"立德树人、德技并修"的育人理念，注重课程与思政的结合，培养学生正面积极的职业心态和精益求精的职业意识。本教材利用实践任务培育学生的工匠精神，通过实战训练，鼓励学生追求卓越和创新，培养学生在德、智、体、美、劳等方面的全面发展，成为高素质的技能型人才。

本教材的编写注重职业教育与社会需求相结合，与企业实际相匹配。我们的教师团队积极到企业实践，与企业的工程师反复探讨课程要求和技能点。值得一提的是，参与本教材编写的教师都具备丰富的企业工作经验，是真正的双师型人才。

在内容设计上，我们采用项目引领和任务驱动的方式，充分考虑中等职业学校学生的年龄和心理特点，通过五个实际项目，引导学生由浅入深地完成各项工作任务。

本教材可作为职业院校"三维设计"课程的专业教材，也可供广大初、中级计算机爱好者自学使用。

在编写过程中，我们查阅了大量的文献，在此向相关作者表示感谢。由于水平有限，教材中疏漏和不当之处，恳请读者批评指正。

编者
2022 年 4 月

目　　录

项目 1　走进 SketchUp 2018 绘图世界

【知识导引】

SketchUp 2018，简称 SU，是一款直观、灵活、易于使用的三维设计软件。它由 Google（谷歌）公司开发，被广大用户亲切地称为"草图大师"。其界面简洁而独特，使用范围广泛。特别值得一提的是它具备的"推拉"功能，让用户能够轻松地创建模型。此外，用户还可以快速生成物体任何位置的剖面，生成物体的二维图形，并且它与 AutoCAD、3DMax、Photoshop、Vray、Maya 等软件具有良好的兼容性。

1.1　打开 SketchUp 2018 绘图软件的大门

【知识要点】

（1）SketchUp 2018 工作界面。

（2）SketchUp 2018 工具栏。

1.1.1　认识 SketchUp 2018 绘图世界

1.SketchUp 2018 初始工作界面

SketchUp 2018 的初始工作界面主要由"标题栏""菜单栏""工具栏""工作区""数值框"以及"状态栏"等组成，如图 1-1-1-1 所示。

（1）标题栏。位于界面的最上方，左侧是 SketchUp 2018 的标志，依次向右是当前编辑的文件名称、软件版本及窗口控制按钮。

（2）菜单栏。位于标题栏下方，包含"文件""编辑""视图""相机""绘图""工具""窗口"和"帮助"共 8 个主菜单。

（3）工具栏。位于工作区的上方或左侧，根据不同的功能需求，工具栏被划分为多个工具集，包括"选择工具""绘图工具""编辑工具""视图工具"等。用户可以根据需要启用或关闭不同的工具集。

（4）工作区。又称绘图窗口，是创建和编辑模型的主要区域，同时可以进行视图调整。

（5）数值框。位于界面的右下角，用于输入或显示精确的参数或数值，如"长度""角度"等。当进行绘制或修改操作时，可以在此直接输入具体数值，以确保模型的精确性。

（6）状态栏。位于界面底部，显示命令提示和状态信息，随对象或操作的改变而显示相应的信息。

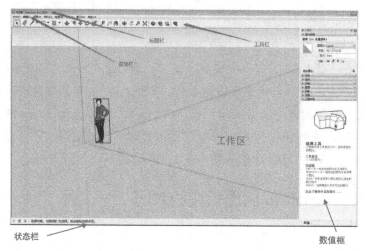

图 1-1-1-1

2. 设置 SketchUp 2018 窗口

（1）执行"窗口" | "默认面板"菜单命令，将出现如图 1-1-1-2 所示的级联菜单命令。

（2）在该菜单中，勾选"材料""组件""风格""图层"等命令后，相应的工具面板将在默认面板栏中显示。用户可以拖动这些面板以调整其在默认面板栏中的位置。

（3）点击相应的面板标题可以在默认面板栏中删除该面板，使绘图界面更为简洁。

图 1-1-1-2

1.1.2　设置 SketchUp 2018 工具栏

SketchUp 2018 的工具栏收纳了常用的设计工具。如图 1-1-2-1 所示，用户可以自行设定工具按钮的显示与否，以及其显示的大小。

图 1-1-2-1

1. 设定工具栏

（1）执行"视图"｜"工具栏"菜单命令，将呈现如图 1-1-2-2 所示的对话框。

（2）在"工具栏"对话框中勾选"大工具集"复选框，并取消"使用入门"复选框，之后在工作区左侧即可看到"大工具集"工具栏，如图 1-1-2-3 所示。

（3）用户还可以在"工具栏"对话框中按需勾选或取消其他工具栏，如"标准""风格""截面""沙箱""实体工具""视图""数值""图层"及"阴影"等，并根据需要拖动它们至合适的位置，如图 1-1-2-4 所示。

图 1-1-2-2

图 1-1-2-3

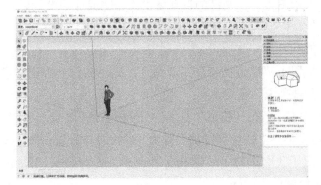

图 1-1-2-4

2. 大工具集说明

"大工具集"中包含了"主要""绘图""建筑施工""编辑""相机""使用入门"等 6

个工具栏，可以自动排列到软件界面的左侧，非常适合初学者使用。

1.1.3 设置 SketchUp 2018 视图栏

（1）SketchUp 2018 的"视图栏"提供了众多标准视图功能，包括但不限于"轴视图""低视图""前视图""后视图""左视图"以及"右视图"等，如图 1-1-3-1 所示。

（2）在"相机"下拉菜单中，用户还可以选择"平行投影""透视显示"或"两点透视"三种不同的显示模式，具体如图 1-1-3-2 所示。

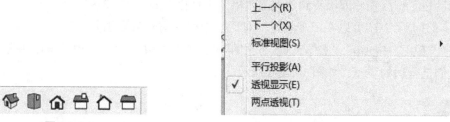

图 1-1-3-1   图 1-1-3-2

1.2 SketchUp 2018 绘图环境设置

【知识要点】

SketchUp 2018 绘图环境

为了使 SketchUp 2018 的绘图界面更加友好和便于操作，用户需要优化绘图环境，这包括设置绘图单位、绘图边线，文件的自动备份等。完成这些设置后，我们可以将它们保存为预设的绘图模板，以便后续绘图时能够快速调用。

1. 设置绘图单位

（1）执行"窗口"｜"模型信息"菜单命令，此时软件会弹出"模型信息"对话框。单击切换至"单位"选项卡。

（2）进行长度单位设置。"格式"选择"十进制"，"单位"选择"mm"。同时，将"长度单位"和"角度单位"的精确度都设置为"0"。具体设置如图 1-2-1-1 所示。

这里要注意，由于我们选择了"建筑设计-毫米"作为模板，长度单位的格式自动设置为"十进制"，单位默认为"mm"。

2. 设置绘图边线

（1）执行"窗口"｜"默认面板"｜"风格"菜单命令，如图 1-2-1-2 所示。

（2）在新出现的"风格"面板中，切换至"编辑"选项板，如图 1-2-1-3 所示。

图 1-2-1-1

（3）在"边线"设置下，取消"轮廓线""出头"和"端点"三个复选框的勾选，仅保留"边线"复选框。具体操作如图 1-2-1-4 所示。

图 1-2-1-2   图 1-2-1-3   图 1-2-1-4

3. 设置文件的自动备份和场景模板

（1）设置文件的自动备份。执行"窗口"｜"系统设置"菜单命令。在随后出现的"系统设置"对话框中，选择"常规"选项，并勾选"创建备份"及"自动保存"复选框，将自动保存时间设置为 15 分钟。

（2）要保存设置好的场景为模板，执行"文件"｜"另存为模板"菜单命令。在新的对话框中，输入模板名称如"建筑-优化"，这里可以添加模板的说明信息。确保"设为预设模板"复选框被勾选，最后单击"保存"。

执行"窗口"｜"系统设置"菜单命令，将在"模板"选项下看到"建筑-优化"模板。

4. 实战训练——天空的设定

（1）执行"窗口"｜"默认面板"｜"风格"菜单命令，此时风格面板将被打开，如图 1-2-1-5 所示。

（2）在风格面板中，点击"编辑"选项卡，勾选"天空"选项，如图 1-2-1-6 所示。

图 1-2-1-5   图 1-2-1-6

（3）调整天空颜色，选择适当的颜色，操作界面如图 1-2-1-7 所示。

（4）以同样的方式调出"地面"选项，并勾选"地面"选项卡，随后选择颜色，如图 1-2-1-8 所示。

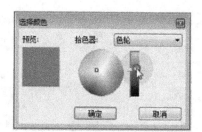

图 1-2-1-7   图 1-2-1-8

项目 2　SketchUp 2018 图形的编辑与应用

【知识导引】

要熟练使用任何绘图软件，首先必须掌握该软件的各种工具。只有当我们熟练掌握了 SketchUp 2018 的各项基础绘图工具和命令，如直线、矩形、圆弧、圆和多边形等，我们才能进行精确的图形绘制并设计出高质量的绘图方案。

2.1　使用 SketchUp 2018 绘制基础图形

【知识要点】

SketchUp 2018 常用绘图工具的了解和应用。

2.1.1　使用"直线"工具创建图形

1. "直线"工具的使用

"直线"工具，快捷键为（L），应用十分广泛，它可以绘制独立直线、连续线段和创建封闭图形。此外，它还可以分割表面或修补已删除的表面，如图 2-1-1-1 所示。

图 2-1-1-1

使用"直线"工具绘制直线，操作流程如下。

（1）使用"直线"命令（L）并在工作区域准备绘制。

（2）在工作区，点击鼠标左键以设置线段的起点。移动鼠标确定线段的方向和长度，再次点击鼠标左键确认线段的终点。此时，一条线段便绘制完成，如图 2-1-1-2 所示。

当绘制矩形或其他复杂图形时，可以利用 SketchUp 2018 的捕捉功能，确保线段精确连接。

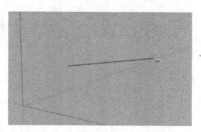

图 2-1-1-2

2. "直线"工具的功能特点

（1）绘制精确长度的线段。在确定线段的端点前或后，可以在数值框输入所需的精确长度。

（2）根据对齐关系绘制线段。当要绘制的线段与坐标轴平行时，"视图"窗口会显示参考点和参考线。此时，线段颜色会比坐标轴更明亮，并出现如"在红色轴上"的提示。

（3）使用"直线"工具分割线段。选择一个点作为起点，绘制新的线段会自动从原线段的交点处断开。线段还可以等分，在线段上单击鼠标右键并选择"拆分"命令，通过移动鼠标系统将自动标记等分点。

（4）使用"直线"工具分割表面。在表面上，绘制两端点均在表面边长上的线段即可实现分割。

（5）使用"直线"工具绘制平面。3 条以上的共面线段首尾相连，即可创建一个平面。

3. 实战训练——绘制多面体

通过掌握线段的绘制方法，绘制一个多面体，如图 2-1-1-3 所示。

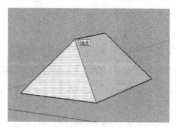

图 2-1-1-3

（1）选择并点击"直线"工具（L）。

（2）在工作区点击任意点以设置线段起点，平行于绿色轴移动鼠标至提示"在绿色轴上"，接着输入"3000"并按回车键，便完成了长度为 3000 mm 的线段绘制，如图 2-1-1-4 所示。

（3）以已绘制线段的端点为起点，继续绘制另一条长度为 2500 mm 的线段。移动鼠标，平行于红色轴等待提示"在红色轴上"后，输入"2500"，按下回车键，如图 2-1-1-5 所示。

图 2-1-1-4

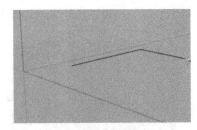
图 2-1-1-5

（4）将鼠标移动至图 2-1-1-6 所示的黑色小点位置，使用鼠标捕捉虚线，直至捕捉到两条虚线垂直，软件会提示"以点为起点"信息，单击鼠标确定"起点"，绘图区会显示两条虚线垂直线段。

（5）移动鼠标到第（4）步的"起点"处，通过提示"端点信息"，单击鼠标左键，从而形成一个四边形封闭轮廓面，如图 2-1-1-7 所示。

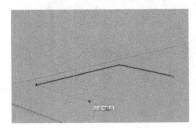
图 2-1-1-6

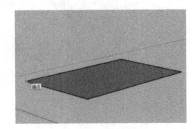
图 2-1-1-7

（6）在四边形的短边的中点处绘制一条线段，如图 2-1-1-8 所示。

（7）点击"选择工具"并选中刚刚绘制的线段，然后点击鼠标右键，选择"拆分"选项。移动鼠标，当出现如图 2-1-1-9 所示的"4 段"提示后点击，完成线段拆分。

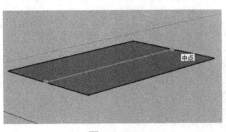
图 2-1-1-8

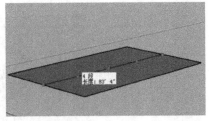
图 2-1-1-9

（8）再次使用"直线"工具（L），捕捉到拆分后的线条端点作为新线段的起点。然后分别朝蓝色轴方向绘制高度为 1500 mm 的两条线段并连接，以形成一个面，如图 2-1-1-10 所示。

（9）以底部四边形的四个端点为起点，绘制线段分别连接上一步骤绘制平面的两个顶点，从而自动形成四个封闭的面，如图 2-1-1-11 所示。

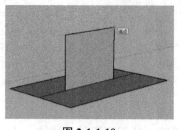
图 2-1-1-10

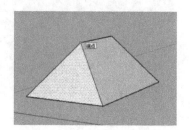
图 2-1-1-11

（10）按住鼠标中键并拖动，以改变视角，从不同角度观察创建的图形，如图 2-1-1-12 所示。

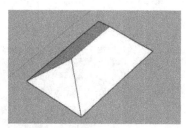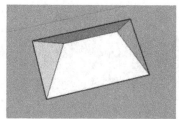
图 2-1-1-12

2.1.2 使用"矩形"工具创建图形

1."矩形"工具的使用

"矩形"工具，快捷键为（R），可用于绘制封闭四边形。如图 2-1-2-1 所示。

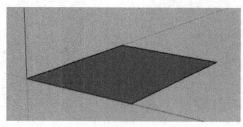
图 2-1-2-1

2."矩形"工具的功能特性

（1）精确绘制矩形。

可以通过键入参数来绘制具有精确尺寸的矩形。在绘制矩形时，可以在确定线段端点之前或之后，在鼠标下方的数值框中输入精确长度。例如，输入"300，500"，代表的是长度为 500 mm，宽度为 300 mm 的矩形。

（2）绘制任意方向的矩形。

使用"旋转矩形"命令可以绘制任意方向的矩形。当光标变为旋转图标时，单击工作区以确定矩形的第一个角点，然后将光标移动到第二个角点位置，确定矩形的长度后，向任意方向移动鼠标，即可完成矩形的绘制。

（3）绘制空间内的矩形。

1）在使用"旋转矩形"命令时，当光标变为旋转图标，可以移动鼠标以确定矩形第一个角点在平面上的投影点。

2）向 Z 轴上方移动鼠标，同时按住 Shift 键以锁定轴向，确定空间内的第一个角点后，即可自由绘制空间内的矩形，无论是平面还是立面。

3. 实战训练——绘制小方桌

使用"矩形"工具（R）绘制一个小方桌，如图 2-1-2-2 所示。

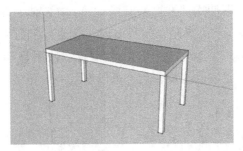

图 2-1-2-2

（1）点击"顶视图"按钮，将工作区切换至顶部视角。然后使用"矩形"工具（R）并输入尺寸"600，1800"来绘制一个长方形。

（2）点击"等轴视图"按钮，视图将切换至等轴角度。接着，使用"推拉"工具（P），选择之前绘制的矩形平面，向 Z 轴上方拖动以确定厚度。在完成拖动后，输入"50"，然后按下回车键，将看到一个长方体的形成，如图 2-1-2-3 所示。

（3）将模型全选，然后右键点击选择"创建群组"选项，如图 2-1-2-4 所示。

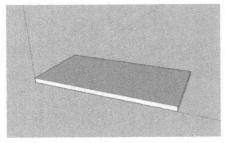

图 2-1-2-3

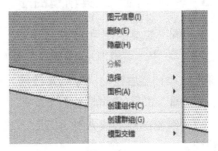

图 2-1-2-4

（4）按住鼠标的中键并拖动，这样可以调整视角至如图 2-1-2-5 所示的角度，为下一步从桌面底部的绘图做准备。

（5）使用"矩形"工具（R）并输入尺寸"50*50"来绘制一个正方形，效果如图 2-1-2-6 所示。

图 2-1-2-5

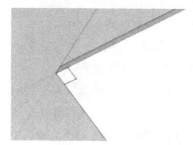

图 2-1-2-6

（6）对新绘制的正方形使用"推拉"工具（P），向 Z 轴下方推动，输入"650"作为推动的距离，这将形成桌子的一条腿，如图 2-1-2-7 所展示的效果。

（7）点击"选择工具"并选中桌子腿的所有面。使用移动工具（M），并同时按住 Ctrl 键进行复制和拖动。完成这些操作后，可以看到一个完整的桌子模型，如图 2-1-2-8 所示。

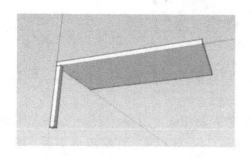

图 2-1-2-7

图 2-1-2-8

2.1.3 使用"圆"工具创建图形

1. "圆"工具的使用

"圆"工具专门用于绘制圆形，快捷键为（C）。使用"圆"工具（C），在工作区域单击确定圆心，然后拖动鼠标或直接输入所需半径值来创建圆形。

2. "圆"工具的功能特点

（1）绘制的圆默认为封闭图形。如果删除了圆的面，仅留下其边线，即得到了一个圆形轮廓。

（2）默认情况下，圆由 24 个段组成。段数越多，绘制出的圆越接近真实的圆形。在使用"圆"工具（C）时，可以按照提示修改段数，也可以在绘制完毕后直接输入数字加上"s"并按回车来设置段数。例如，输入"5 s"意味着圆由 5 个段组成。

（3）修改圆的属性。在已绘制圆的边线上点击鼠标右键并执行"模型信息"命令，将展开"图元信息"面板。在此，可以更改圆的各种参数，如图层、半径、段数等。"段"表示圆由几个线段组成，"长度"则表示圆的周长。具体的示意图，请参考图 2-1-3-1。。

图 2-1-3-1

3. 实战训练——绘制圆盘

通过学习"圆"工具（C）的使用方法，学习如何绘制一个圆盘，如图 2-1-3-2 所示。

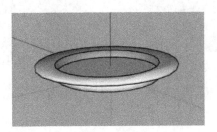

图 2-1-3-2

（1）单击"圆"工具图标（C）并切换至等轴视图。绘制一个半径为 50 mm，段数为 32 的圆形，如图 2-1-3-3 所示。

（2）使用"推拉"工具（P），将圆向 Z 轴上方推高 8 mm，如图 2-1-3-4 所示。

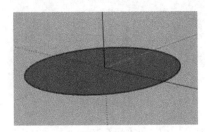

图 2-1-3-3

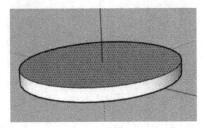

图 2-1-3-4

（3）使用"缩放"工具（S），空格键选择圆盘的顶部表面，如图 2-1-3-4 所示。按下 Ctrl 键并从对角点向外拖动，再输入"1.1"以扩大 1.1 倍的缩放比例，如图 2-1-3-5 所示。

（4）使用"偏移"工具（F），点击顶部表面并向外移动鼠标，输入偏移值"10"，如图 2-1-3-6 所示。

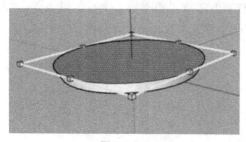

图 2-1-3-5

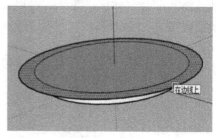

图 2-1-3-6

（5）再次使用"推拉"工具（P），向 Z 轴上方推拉圆环 8 mm，如图 2-1-3-7 所示。

（6）使用"缩放"工具（S），空格键选择圆环的顶部，并按住 Ctrl 键，从中心向外拖动以扩大 1.1 倍，如图 2-1-3-8 所示。

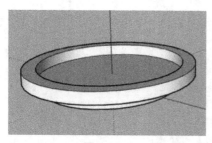

图 2-1-3-7

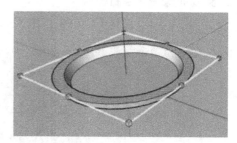

图 2-1-3-8

（7）对圆环上表面继续执行推拉，输入"10"，如图 2-1-3-9 所示。

（8）再次执行缩放，放大 1.03 倍，如图 2-1-3-10 所示。

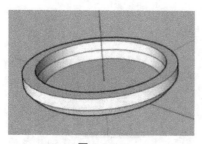

图 2-1-3-9

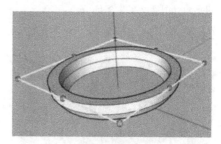

图 2-1-3-10

（9）使用"偏移"工具（F），点击上表面的外圆并向外偏移 20 mm，如图 2-1-3-11

所示。

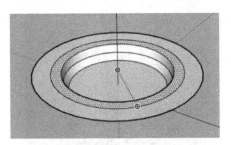

图 2-1-3-11

（10）分别选中两个圆环表面，使用"推拉"工具（P），向 Z 轴上方推拉 3 mm，如图 2-1-3-12 与图 2-1-3-13 所示。

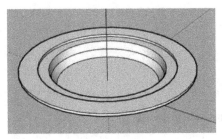

图 2-1-3-12

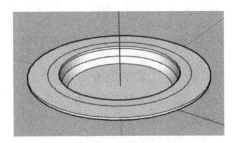

图 2-1-3-13

（11）选择圆的边缘，随机选两点，使用"直线"工具（L）连接它们，形成圆盘的底部，如图 2-1-3-14 所示。

（12）使用空格键选中并按"Delete"键删除多余的线段，如图 2-1-3-15 所示。

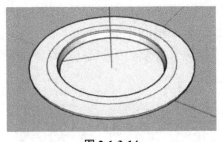

图 2-1-3-14

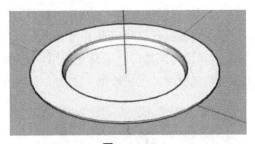

图 2-1-3-15

（13）使用"Ctrl+A"全选图形，右键点击并在弹出菜单中选择"柔化/平滑边线"命令，如图 2-1-3-16 所示。

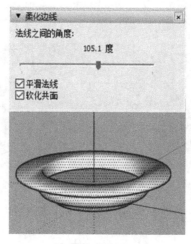

图 2-1-3-16

2.1.4 使用"圆弧"工具创建图形

1. "圆弧"工具的使用

SketchUp 2018 为用户提供了 3 种专门的圆弧绘制工具，分别为传统的"圆弧"工具、"三点画弧"工具和"扇形"工具，"圆弧"工具的快捷键为（A）。

（1）"圆弧"工具。

1）中心到边缘模式。此模式允许用户先选取圆弧的中心，然后定义其边缘上的两个点来绘制圆弧。如图 2-1-4-1 所示。

2）起点-终点-凸起部分模式。此模式允许用户根据圆弧的起点、终点和凸起部分进行绘制。如图 2-1-4-2 所示。

（2）"三点画弧"工具。此工具允许用户首先选择弧形的中心点，随后在边缘选择两个点。系统会根据这三个点及其角度来为用户定义弧形。如图 2-1-4-3 所示。

（3）"扇形"工具。此工具允许用户通过中心点和两个边缘点来绘制一个封闭的圆弧，此圆弧会自动封面，形成扇形。如图 2-1-4-4 所示。

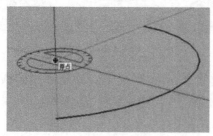

图 2-1-4-1

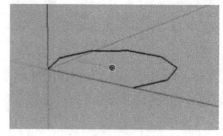

图 2-1-4-2

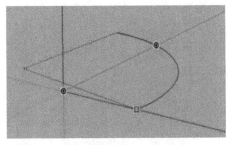

图 2-1-4-3

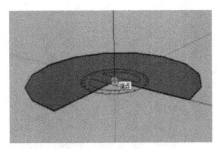

图 2-1-4-4

2. "圆弧"工具的功能特点

（1）当需要设定圆弧的半径时，可以输入数值加上"r"。例如，输入"300r"后按回车，即可设定一个半径为 300 mm 的圆弧。如果想指定圆弧的边段数，可以输入数值后加上"s"。如，输入"8 s"并按回车。此操作既可在绘制圆弧时进行，也可在绘制完成后进行。

（2）SketchUp 2018 中的坐标系使用三种颜色标识，红色代表 X 轴，绿色代表 Y 轴，蓝色代表 Z 轴。当在不同平面进行绘图时，量角尺的颜色与相应的轴颜色相匹配。。

3. 实战训练——绘制小条几

学习绘制圆弧，运用所学知识制作一个小型条几。如图 2-1-4-5 所示。

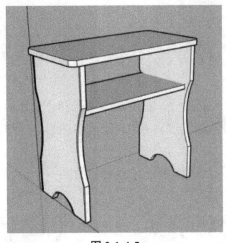

图 2-1-4-5

（1）打开"视图"，点击"前视图"。使用"矩形"工具（R），绘制一个尺寸为 300 mm×550 mm 的矩形，如图 2-1-4-6 所示。

（2）使用"直线"工具（L）画中心线，将矩形切分成四个小的长方形。如图 2-1-4-7 所示。

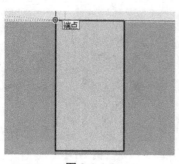
图 2-1-4-6

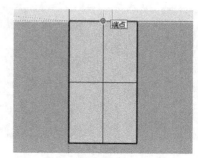
图 2-1-4-7

（3）使用"圆弧"工具（A）。以上方和下方相邻长方形的长边中点为起点和终点，输入值"30"，绘制弧高为 30 mm 的圆弧。同理完成其他两个圆弧，下方圆弧高度为 55 mm。如图 2-1-4-8 所示。

（4）使用"擦除"工具（E）删除多余的线段。切换到等轴视图，再使用"推拉"工具（P）将图形拉伸 20 mm。如图 2-1-4-9 所示。

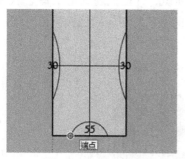
图 2-1-4-8

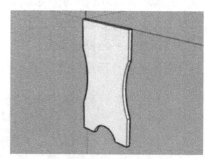
图 2-1-4-9

（5）使用 Ctrl+A 选中所有部分，右键点击并选择创建组。按住 Ctrl 键的同时，使用"移动"工具（M）沿着绿色轴线移动 600 mm 复制图形。这样，就制作了条几的两个支架，如图 2-1-4-10 所示。

（6）切换到俯视图，开始制作条几的桌面。绘制一个尺寸为 300 mm × 600 mm 的矩形，如图 2-1-4-11 所示。

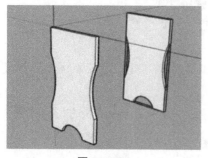
图 2-1-4-10

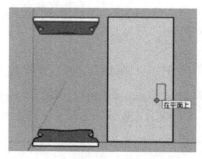
图 2-1-4-11

（7）选择"卷尺"工具（T），在桌面边缘点击后，向内拖动鼠标输入"20"并按回车。同样的方式再绘制三条辅助线。如图 2-1-4-12 所示。

（8）选择"圆弧"工具（A），以辅助线与边线交点为端点，绘制圆弧，直到出现与边线相切的提示，然后点击确定。同样的方式绘制其他三条圆弧，如图 2-1-4-13 所示。

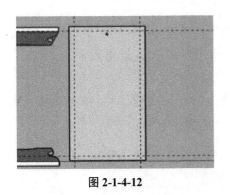
图 2-1-4-12

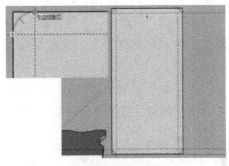
图 2-1-4-13

（9）使用"擦除"工具（E）删除超出的部分，将桌面转换为圆角矩形。使用"推拉"工具（P）拉伸桌面 20 mm，全选后创建为一个组，并将其移至支架上方，如图 2-1-4-14 所示。

（10）选中桌面，按住 Ctrl 键的同时，使用"移动"工具（M）进行复制。选中复制的桌面使用"缩放"工具（S），按住 Ctrl 键，从中心向内缩小至 0.8 倍原尺寸。完成的条几如图 2-1-4-15 所示。

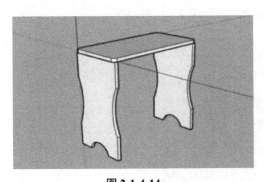
图 2-1-4-14

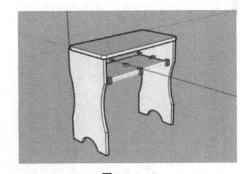
图 2-1-4-15

2.1.5 使用"多边形"工具创建图形

1. "多边形"工具的使用

在 SketchUp 2018 中，"多边形"工具用于绘制具有三条或更多边的封闭图形。默认情况下，该工具将绘制一个等边多边形，但用户可以随时指定所需的边数。

（1）使用方法。选择"多边形"工具。使用鼠标单击工作区中的任意位置以设置多边形的中心点。拖动鼠标以确定多边形的大小，并单击以完成绘制。

（2）快捷操作。在绘制过程中，按住 Ctrl 键可以切换到半径绘制模式，这意味着用户正在确定多边形的外接圆的半径，而非从中心到一个顶点的直线距离。

2. 绘制一个半径为 500 mm 的八边形

（1）使用"多边形"工具，输入"8 s"并按下回车键，以确定绘制的是一个八边形。接着，输入具体的半径值，如绘制半径为 500 mm 的八边形，这里就输入"500"。如图 2-1-5-1 所示。

（2）若需要更改已绘制的图形的边数或半径，可以先选中图形，然后右键点击该图形，选择"模型信息"进行调整。详细的设置方法如图 2-1-5-2 所示。

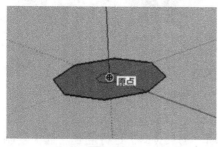

图 2-1-5-1

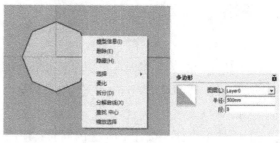

图 2-1-5-2

3. 实战训练——绘制八角凉亭

学习多边形的绘制，掌握绘制一个八角凉亭的方法。如图 2-1-5-3 所示。

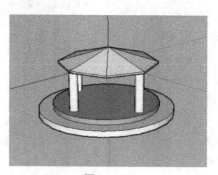

图 2-1-5-3

（1）使用"多边形"工具，输入"8 s"并按回车键，以设置边数为 8。接着，点击坐标轴原点设置为圆心，输入"1500"作为半径并再次按回车，完成一个正八边形的绘制。如图 2-1-5-4 所示。

（2）使用"推拉"工具（P），选中刚绘制的八边形并向 Z 轴上方拉伸 50 mm。如图 2-1-5-5 所示。

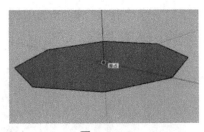

图 2-1-5-4

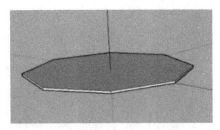

图 2-1-5-5

（3）选择"直线"工具（L），在八边形的上表面，通过连接两个对角点绘制一条通过原点的线段。如图 2-1-5-6 所示。

（4）选中刚绘制的线段，并使用"移动"工具（M）。按住 Ctrl 键，复制线段至 Z 轴上方 400 mm 高度。如图 2-1-5-7 所示。

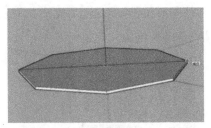

图 2-1-5-6

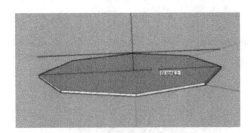

图 2-1-5-7

（5）使用"擦除"工具（E）清除原始线段。再次使用"直线"工具（L），从线段的中点出发，与多边形的各角点相连，形成封闭平面。如图 2-1-5-8 所示。

（6）使用"擦除"工具（E）删除刚复制的线段。切换视图至底部并删除底平面。如图 2-1-5-9 所示。

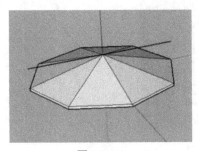

图 2-1-5-8

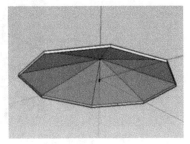

图 2-1-5-9

（7）使用"圆"工具（C），绘制一个半径为 80 mm 的圆。用"推拉"工具（P）沿 Z 轴上推至 1000 mm。使用"移动"工具（M）并按下 Ctrl 键，复制四个圆柱并移动至适当位置。如图 2-1-5-10 所示。

（8）使用"圆"工具（C），以中心点为原点，绘制一个半径为 1800 mm 的圆。使用"推拉"工具（P），将圆沿 Z 轴向上拉伸 150 mm。如图 2-1-5-11 所示。

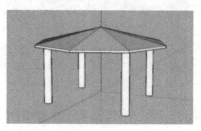
图 2-1-5-10

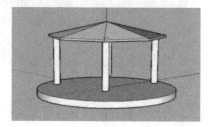
图 2-1-5-11

（9）调整至底视图，选中前面制作的圆柱底面，用"偏移"工具（F）将底面向外偏移 200 mm，形成一个截面。如图 2-1-5-12 所示。

（10）选中该截面，使用"推拉"工具（P）沿 Z 轴向下拉伸 200 mm，完成凉亭底座的制作。最后，对凉亭的结构进行适当调整。如图 2-1-5-13 所示。

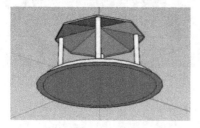
图 2-1-5-12

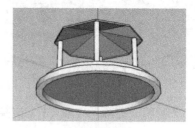
图 2-1-5-13

（11）调整到合适的视角查看成品。如图 2-1-5-14 所示。

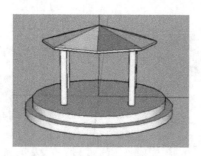
图 2-1-5-14

2.1.6　使用"手绘线"工具创建图形

1."手绘线"工具的使用

"手绘线"工具允许用户绘制不规则的共面连续线段或自由曲线。这种工具在绘制等高线或有机形状时特别有用。

2. 使用"手绘线"工具进行绘图

（1）开始绘制时，持续按下鼠标左键，并移动鼠标来绘制手绘线。如图 2-1-6-1 所示。

（2）如果将鼠标拖回至手绘线的起始点，系统会自动形成一个封闭平面。如图 2-1-6-2 所示。

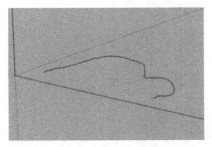
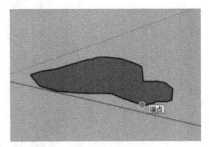

图 2-1-6-1   图 2-1-6-2

2.1.7 "坐标轴"工具

1. "坐标轴"工具的使用

使用"坐标轴"工具，可以在非标准平面上重设坐标系，确保更为精确的绘图操作。

（1）理解坐标系。

在 SketchUp 2018 中，工作区会显示坐标轴。它由红、绿和蓝三个轴组成，分别代表 X 轴（红色）、Y 轴（绿色）和 Z 轴（蓝色）。这三个轴在三维空间中相互垂直，并在坐标原点（0，0，0）处交汇。

（2）隐藏坐标系。

为了更好地观察和展示模型效果，用户有时可能希望隐藏坐标轴。要执行此操作，可以选择菜单中的"视图"｜"坐标轴"命令来显示或隐藏坐标轴。

（3）轴对齐。

通过"对齐轴"功能，可以使坐标轴与物体的某个表面平行对齐。在需进行轴对齐的表面上右击，然后在弹出菜单中选择"对齐轴"。而"对齐视图"功能可以使物体的某个表面与 XY 平面对齐，并垂直于观察视角。

2. 重置坐标轴

使用"坐标轴"工具，将鼠标移至希望放置新坐标轴的位置并单击确定新的原点。接下来，移动鼠标来指定 X 轴（红色）的方向，随后确定 Y 轴（绿色）的方向。完成这些步骤后，即可设定新的坐标轴。参考图 2-1-7-1。

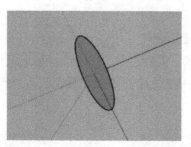

图 2-1-7-1

3. 实战训练——绘制斜面扶手梯

学习坐标轴的使用方法，灵活地绘制各种复杂结构，例如斜面的扶手梯。

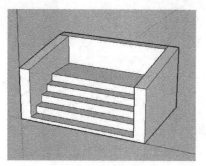

图 2-1-7-2

（1）选择"矩形"工具（R），以坐标原点为中心，绘制一个 3500 mm × 2500 mm 的矩形平面，如图 2-1-7-3 所示。

（2）使用"推拉"工具（P），选取刚绘制的平面，沿 Z 轴方向向上推拉至 1700 mm 的高度，如图 2-1-7-4 所示。

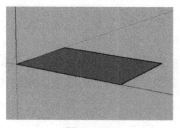

图 2-1-7-3

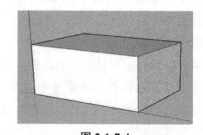

图 2-1-7-4

（3）选择"卷尺"工具（T），沿矩形的边缘，绘制出距离为 300 mm 的辅助线，如图 2-1-7-5 所示。

（4）使用"直线"工具（L），沿辅助线绘制线条，从而形成一个面。随后，使用"擦除"工具（E）清除不必要的辅助线，如图 2-1-7-6 所示。

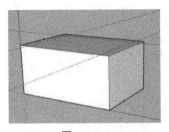

图 2-1-7-5

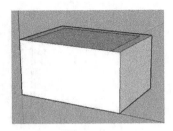

图 2-1-7-6

（5）再次使用"推拉"工具（P），选取刚绘制的面，沿 Z 轴方向向下推 1600 mm，如图 2-1-7-7 所示。

（6）点击"坐标轴"工具，根据设计需要，在工作区中设定新的坐标原点及轴线方向，如图 2-1-7-8 所示。

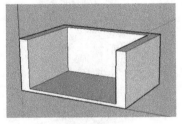

图 2-1-7-7

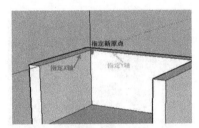

图 2-1-7-8

（7）鼠标右键点击新设的坐标轴，选择弹出菜单中的"移动"选项。接着，在随后弹出的"移动草图背景环境"对话框中，设定 Y 轴旋转 8°，如图 2-1-7-9 所示。

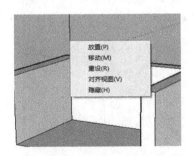

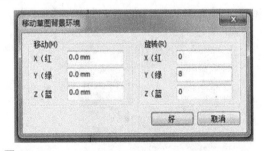

图 2-1-7-9

（8）完成旋转操作后，可以看到 X 轴的旋转情况，如图 2-1-7-10 所示。

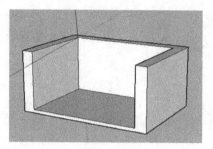

图 2-1-7-10

（9）使用"直线"工具（L），沿 X 轴绘制线段，如图 2-1-7-11 所示，随后使用"推拉"工具（P），将刚绘制的三角斜面沿 Y 轴方向向外推出 300 mm，如图 2-1-7-12 所示。

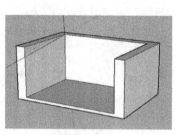

图 2-1-7-11

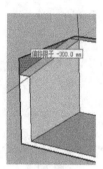

图 2-1-7-12

（10）使用"卷尺"工具（T），在新绘制的斜面的顶点上拉出与 Y 轴平行的辅助线，如图 2-1-7-13 所示。利用鼠标中键旋转视图至合适的角度，再次执行第 9 步的操作，完成斜面绘制，参考图 2-1-7-14。

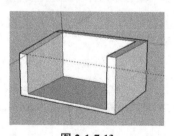

图 2-1-7-13

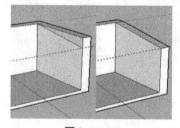

图 2-1-7-14

（11）清除所有辅助线后，再次选择"卷尺"工具（T），在图形底部绘制距离为 300 mm 的辅助线，并使用"直线"工具（L）按照这一辅助线进行绘制，将图形底部划分为两个面，如图 2-1-7-15 所示。使用"推拉"工具（P），选取较大的面垂直向上推拉 200 mm，从而制作出第一级台阶，如图 2-1-7-16 所示。

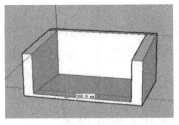
图 2-1-7-15

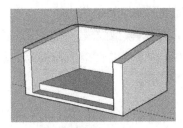
图 2-1-7-16

（12）按照上述步骤，再次使用"卷尺"工具（T）和"直线"工具（L）绘制台阶结构，如图 2-1-7-17 所示。这样，我们就通过"坐标轴"工具和其他相关工具的使用，成功地绘制出了一个斜面的扶手梯。

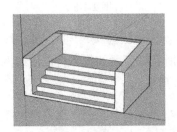
图 2-1-7-17

2.1.8　模型交错与隐藏

1. 模型交错工具的使用

SketchUp 2018 提供了"模型交错"功能，允许用户在模型的交错部分生成相交线，从而创造复杂的几何平面。

用户可以通过"编辑"菜单下的"交错平面"选项来执行"模型交错"操作。此外，也可以直接选择模型，然后右击鼠标选择快捷命令来完成该操作。完成后，相交部分会自动生成对应的轮廓线，这样可以利用相交部分生成新的分割面。如图 2-1-8-1 所示。

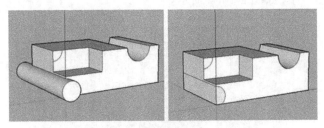
图 2-1-8-1

2. 模型隐藏功能的使用

在某些场景中，为了更好地观察或编辑模型，用户可能需要隐藏部分物体，SketchUp

2018 提供了便捷的隐藏功能。

（1）执行模型隐藏。用户可以通过"编辑"菜单下的"隐藏"选项来隐藏所选择的物体。此外，也可以直接选择模型，然后右击鼠标选择"隐藏"命令来完成此操作。如图 2-1-8-2 所示。

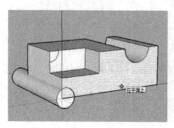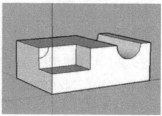

图 2-1-8-2

（2）查看隐藏的物体。尽管物体被隐藏，但用户仍可以查看它们。通过选择"视图"菜单下的"隐藏物体"命令，所有被隐藏的物体将以虚线网格的形式呈现在界面上，方便用户观察和操作。如图 2-1-8-3 所示。

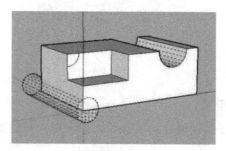

图 2-1-8-3

3. 实战训练——绘制花园中心水池广场

学习模型交错及隐藏的功能及使用方法，利用创建新的复杂平面的方法及基础操作，绘制花园中心水池广场。如图 2-1-8-4 所示。

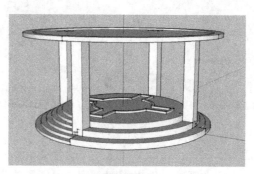

图 2-1-8-4

（1）使用"圆"工具，以原点为中心绘制一个 50 边，半径为 5000 mm 的圆。如图 2-1-8-5 所示。

（2）使用"偏移"工具（F），向圆形内推移 300 mm，连续推移 5 次。如图 2-1-8-6 所示。

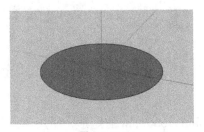

图 2-1-8-5

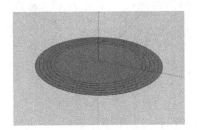

图 2-1-8-6

（3）使用"直线"工具（L），绘制两条半径线，确保两条半径呈直角。如图 2-1-8-7 所示。

（4）使用"擦除"工具（E）删除多余的线条。如图 2-1-8-8 所示。

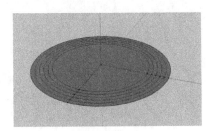

图 2-1-8-7

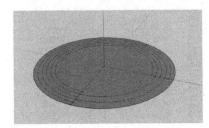

图 2-1-8-8

（5）使用"推拉"工具（P），将 270° 角对应的弧面沿 Z 轴方向依次上推 150 mm，如图 2-1-8-9 所示。

（6）使用"推拉"工具（P），将 90° 角对应的弧面沿 Z 轴方向依次上推 300 mm，如图 2-1-8-10 所示。

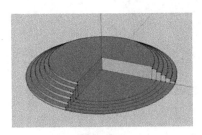

图 2-1-8-9

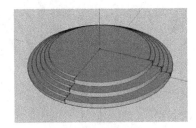

图 2-1-8-10

（7）使用 Ctrl+A 全选图形，点击鼠标右键，执行"反转平面"命令，统一面的方向，这将方便后续观察图形并添加材质。如图 2-1-8-11 所示。

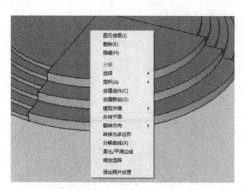

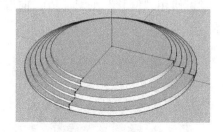

图 2-1-8-11

（8）使用"矩形"工具（R），绘制一个 600 mm × 600 mm 的矩形，使用"推拉"工具（P），将其沿 Z 轴方向向上推 4500 mm，形成立柱。如图 2-1-8-12 所示。

（9）将立柱的顶部的正方形向外偏移 50 mm。如图 2-1-8-13 所示。

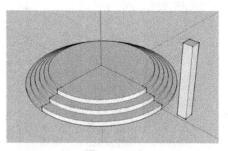

图 2-1-8-12

图 2-1-8-13

（10）选择新生成的面，使用"推拉"工具（P），沿 Z 轴方向向上推 50 mm。如图 2-1-8-14 所示。

图 2-1-8-14

（11）选中立柱，点击鼠标右键选择创建群组命令。使用"移动"工具（M）并按住 Ctrl 键复制立柱，沿对角线排列。如图 2-1-8-15 所示。

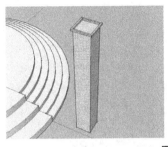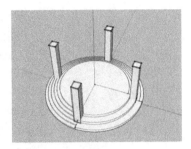

图 2-1-8-15

（12）选择所有立柱，点击鼠标右键并选择"分解"。然后使用 Ctrl+A 全选，点击鼠标右键，选择"交错平面"中的"只对选择对象交错"。如图 2-1-8-16 所示。

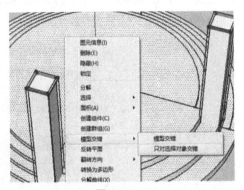

图 2-1-8-16

（13）旋转视图，并沿 Z 轴线方向将底部向上移动复制，移动距离为 4850 mm。如图 2-1-8-17 所示。

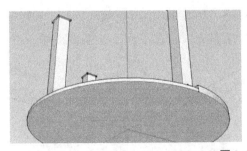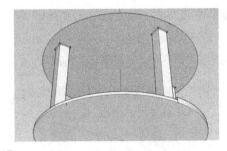

图 2-1-8-17

（14）旋转视图，使用"偏移"工具（F），向外偏移 500 mm。然后使用"推拉"工具（P），将新偏移的面提高 200 mm。如图 2-1-8-18 所示。

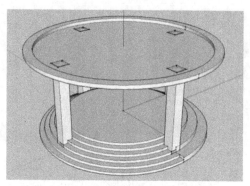

图 2-1-8-18

（15）再次使用"推拉"工具（P），将内部的面提高 100 mm，接着使用"直线"工具（L）完全封闭该面，并删除多余线条。如图 2-1-8-19 所示。

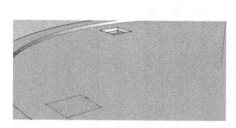

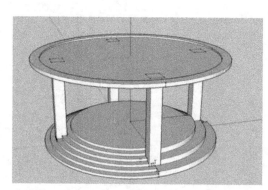

图 2-1-8-19

（16）使用"直线"工具（L）在广场表面绘制对角线，使用"圆"工具（C）在中心绘制两个圆，其半径分别为 1800 mm 和 3000 mm。如图 2-1-8-20 所示。

（17）使用"卷尺"工具（T）和"直线"工具（L），在平面上绘制两对平行线，两线间距为 1000 mm。如图 2-1-8-21 所示。

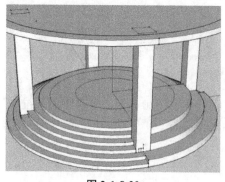

图 2-1-8-20

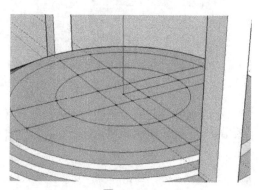

图 2-1-8-21

（18）擦除圆内的多余线条。如图 2-1-8-22 所示。

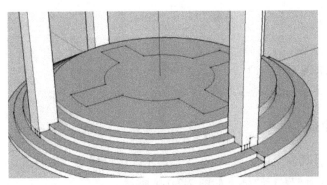

图 2-1-8-22

（19）使用"偏移"工具（F），向图形内侧偏移 150 mm，以形成池壁，删除多余的线角。如图 2-1-8-23 所示。

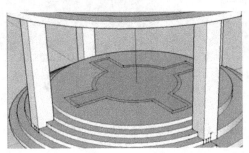 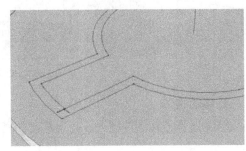

图 2-1-8-23

（20）使用"推拉"工具（P），将新偏移的面沿 Z 轴方向向上推 100 mm。如图 2-1-8-24 所示。

（21）从多个角度观察模型。如图 2-1-8-25 所示。

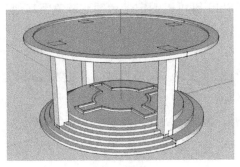 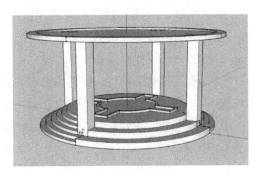

图 2-1-8-24   图 2-1-8-25

2.2　SketchUp 2018 图形的编辑

【知识要点】

SketchUp 2018 图形的编缉。
SketchUp 2018 辅助绘图工具。

2.2.1　移动与复制

"移动"工具，其快捷键为（M），该工具允许用户移动、拉伸、复制几何体。用户可以移动点、边线或面来编辑物体。如图 2-2-1-1 所示。

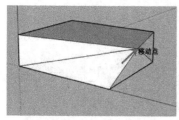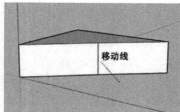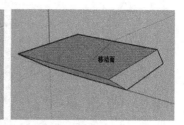

图 2-2-1-1

1. 移动物体

（1）选择欲移动的图形，指定移动的基点，然后移动鼠标到目标点，即可完成物体的移动。

（2）用户也可以在移动完成后直接键入数值来确定移动的距离，或使用三维坐标值进行精确移动，例如"10，10，10"。

（3）在使用"移动"工具（M）时按住 Alt 键，可以强制拉伸线或面，从而生成不规则的几何体。

（4）在移动操作开始前或其过程中，按住 Shift 键可以锁定参考轴，避免因其他几何体的存在而造成参考捕捉的干扰。

2. 复制物体与复制阵列

（1）激活移动工具后，按住 Ctrl 键可以进行图形复制。完成复制后，在数值框中输入"*5"，即可重复该复制操作 5 次，形成一个阵列。

（2）若想进行阵列复制，可以在一个物体后，按照之前的间距复制出 5 个物体。如图 2-2-1-2 所示。

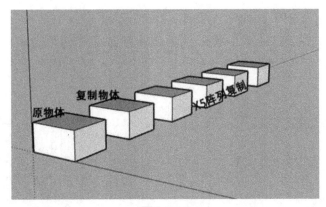

图 2-2-1-2

（3）完成物体复制后，键入"/2"，可以在已复制的物体与原物体中间位置再复制 1
个同样的物体。如图 2-2-1-3 所示。

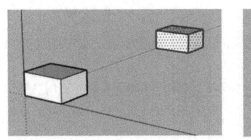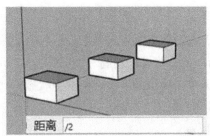

图 2-2-1-3

3. 实战训练——绘制百叶窗帘

根据移动阵列命令，练习使用移动命令绘制百叶窗。如图 2-2-1-4 所示。

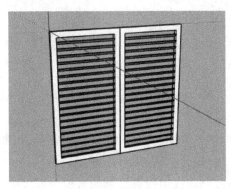

图 2-2-1-4

（1）切换至前视图，点击"矩形"工具（R），绘制一个 350 mm×600 mm 的矩形。
接着，使用"偏移"工具（F），点选外侧边线并向矩形内拖动，鼠标保持按下状态并输入数字"30"，按回车完成偏移操作。如图 2-2-1-5 所示。

（2）使用"推拉"工具（P），将形状延 X 轴方向正向推 30 mm，从而增加其厚度。删除多余的平面后，即得到一个窗框的外形。此时，点击鼠标右键选择创建群组。如图 2-2-1-6 所示。

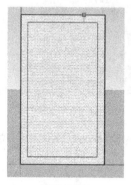
图 2-2-1-5

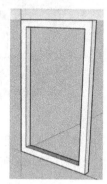
图 2-2-1-6

（3）双击对象以进入群组。然后，使用空格键选中窗框的内侧上方的长方形面，同时按下 Ctrl + C，将该面复制。如图 2-2-1-7 所示。

（4）单击群组外部，退出群组状态，接着按下 Ctrl + V 将面粘贴。使用"推拉"工具（P）将粘贴的面延 Z 轴方向向下拉 2 mm，为其增加厚度。完成后，创建新的群组。如图 2-2-1-8 所示。

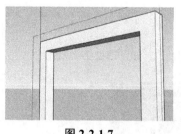
图 2-2-1-7

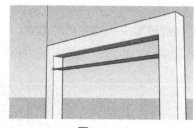
图 2-2-1-8

（5）选中刚才创建的对象，使用"旋转"工具（Q），以绿色轴线为标准，将该群组旋转 15°。如图 2-2-1-9 所示。

（6）再次选中对象，使用"移动"工具（M），并按下 Ctrl 键以切换到移动复制状态，然后沿 Z 轴方向向下移动 20 mm。如图 2-2-1-10 所示。

（7）键入"*25"进行复制。选中所有复制的对象，再次使用"移动"工具（M），并配合 Ctrl 键向右进行复制移动，从而制作出完整的百叶窗。如图 2-2-1-11 所示。

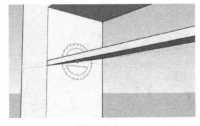

图 2-2-1-9

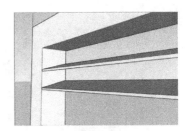

图 2-2-1-10

图 2-2-1-11

2.2.2　旋转与复制

1. "旋转"工具的使用

"旋转"工具的快捷键为（Q）。此工具允许用户在同一平面内旋转物体的元素，也适用于旋转单个或多个物体。结合 Ctrl 键，还能实现旋转复制的功能。之前的章节已经简要介绍了旋转的基础操作，用户可以旋转物体并输入具体的角度值来进行精确旋转。

使用"旋转"工具时，可以按住鼠标"中键"并拖动以旋转观察角度，或者直接使用视图工具组按钮。旋转工具在界面中的颜色会因不同平面而异。蓝色表示 XY 平面，红色代表 YZ 平面，而绿色则表示 XZ 平面。选择不同的旋转平面会得到不同的旋转效果。开启"角度捕捉"功能后，用户可以方便地捕捉到预设的角度及其倍数，例如 15°，则也可以轻松捕捉到 30°、45° 等角度进行旋转。如图 2-2-2-1 所示。

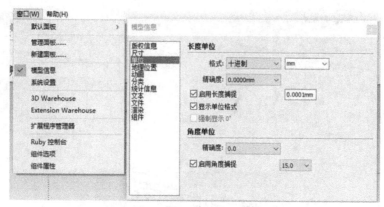

图 2-2-2-1

2. 旋转复制物体

（1）首先设定物体旋转 45°，然后输入"*8"或"8*"，系统将按照先前的旋转角度
进行环形阵列复制，复制出 8 份。如图 2-2-2-2 所示。

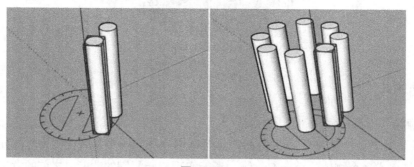

图 2-2-2-2

（2）完成圆柱体的旋转后，输入"/2"或"2/"，系统会在已旋转的角度范围内，将图
形进行 2 等分。如图 2-2-2-3 所示。

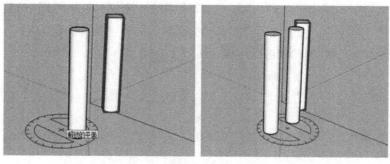

图 2-2-2-3

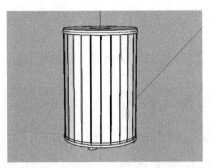

图 2-2-2-4

3. 实战训练——绘制木桶

（1）使用"圆"（C）工具，以坐标原点为中心绘制半径为 320 mm 的圆。使用"推拉"工具（P）将其延 Z 轴方向向上拉升 20 mm。如图 2-2-2-5 所示。

（2）使用"偏移"工具（F），将顶面向内偏移 8 mm。选中新的内圆面并使用"推拉"工具（P），延 Z 轴方向向上拉伸 20 mm。如图 2-2-2-6 所示。

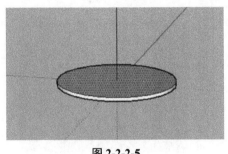

图 2-2-2-5

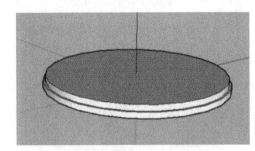

图 2-2-2-6

（3）在当前面上，使用"偏移"工具（F）向内偏移 230 mm。用"推拉"工具（P）将中央的小圆面延 Z 轴方向向下推进 20 mm。全选图形并右键创建群组。如图 2-2-2-7 所示。

（4）使用"矩形"工具（R），绘制一个 65 mm×65 mm 的正方形。如图 2-2-2-8 所示。

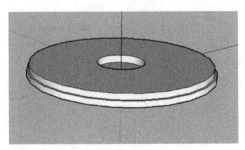

图 2-2-2-7

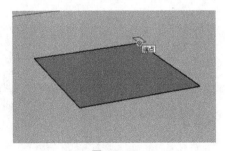

图 2-2-2-8

（5）打开"卷尺"工具（T），从边线向内绘制三条辅助线，距离均为 20 mm。如图 2-2-2-9 所示。

（6）使用"直线"工具（L）连接各辅助线。如图 2-2-2-10 所示。

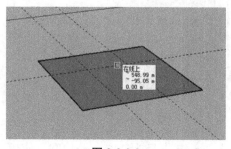

图 2-2-2-9

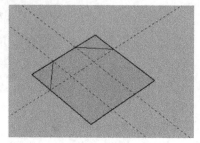

图 2-2-2-10

（7）用"擦除"工具（E）清除多余的边线和面。如图 2-2-2-11 所示。

（8）全选图形，使用"推拉"工具（P）延 Z 轴方向向上拉升 25 mm，形成底座，随后创建群组。如图 2-2-2-12 所示。

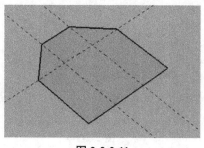

图 2-2-2-11

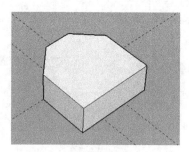

图 2-2-2-12

（9）使用"移动"工具（M），将新的底座与木桶底部对齐。如图 2-2-2-13 所示。

（10）应用"旋转"工具（Q），等待量角器变蓝，然后选择图形交点为旋转中心，确定旋转图形的边线为旋转轴后，对准圆形边线为目标点，并与其对齐。如图 2-2-2-14 所示。

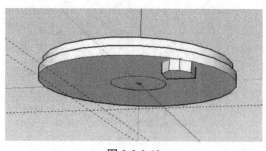

图 2-2-2-13

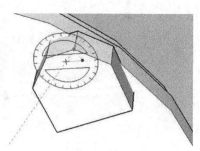

图 2-2-2-14

（11）继续调整直至边线与圆形底座对齐。如图 2-2-2-15 所示。

（12）选择底座，设置坐标原点为旋转中心，选择图形的边上中点为旋转轴，按住 Ctrl 键并移动鼠标至 90° 后点击，以旋转复制 1 份，在此基础上输入"*4"，从而旋转复制 4 份。如图 2-2-2-16 所示。

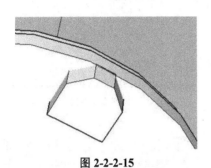
图 2-2-2-15

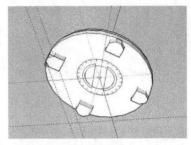
图 2-2-2-16

（13）旋转视图，在外侧绘制一个 700 mm × 73 mm 的矩形。如图 2-2-2-17 所示。

（14）使用"推拉"工具（P），将矩形延 Y 轴方向拉伸 12 mm 的厚度。如图 2-2-2-18 所示。

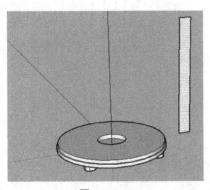
图 2-2-2-17

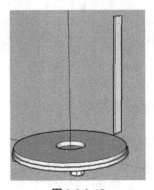
图 2-2-2-18

（15）移动木条至圆形底座的内边，使其底边中点与圆上的一条边中点对齐，然后使用"旋转"（Q）工具按照"XY"平面将木条旋转至与圆边齐平。如图 2-2-2-19 所示。

（16）打开"窗口"｜"信息"菜单，调出"模型信息"对话框，在"单位"中勾选"启用角度捕捉"，设置捕捉角度为 15°。如图 2-2-2-20 所示。

（17）使用"旋转"工具（Q），以圆形底座的上表面为旋转中心，定位木条的内测中心点为旋转轴，按住 Ctrl 键并移动鼠标至 15° 后点击，再输入" *23"进行旋转阵列。如图 2-2-2-21 所示。

（18）使用"移动"工具（M），随机选择圆形底座的一点，结合 Ctrl+shift 键锁定蓝色轴并向上复制。如图 2-2-2-22 所示。

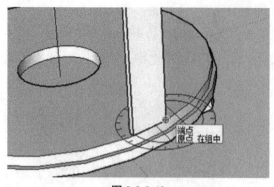

图 2-2-2-19

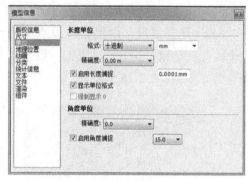

图 2-2-2-20

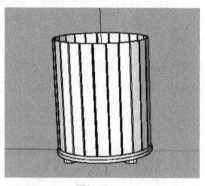

图 2-2-2-21

图 2-2-2-22

2.2.3   缩放与镜像

1. "缩放"工具的使用

"缩放"工具的快捷键为（S）。当需要缩放或拉伸选中的物体时，可以利用该工具。
选择物体后，使用"缩放"工具（S），物体的外围会呈现缩放栅格。选择这些栅格点，即
可对物体进行缩放。如图 2-2-3-1 所示。

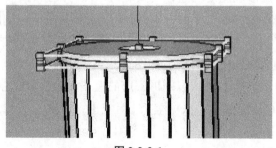

图 2-2-3-1

（1）对角夹点。选中后夹点会呈红色。通过此夹点，可以使几何体沿对角方向进行等比缩放。缩放过程中，数值框会显示当前的缩放比例。

（2）边线夹点。移动边线夹点会导致几何体在对边的两个方向上进行非等比缩放，从而引起几何体变形。缩放时，数值框会显示两个由逗号隔开的数值。

（3）表面夹点。通过移动表面夹点，几何体会沿垂直面的方向在单一方向上进行非等比缩放，这也会导致几何体变形（如改变物体的长、宽、高）。缩放时，数值框会显示缩放比例。如图 2-2-3-2 所示。

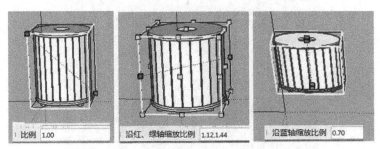

图 2-2-3-2

需要注意的是，务必先选中物体，然后再使用"缩放"工具（S）。如果首先使用了"缩放"工具（S），那么缩放操作只能针对单个点、线、面或组。

2. 缩放物体

（1）精确缩放。

1）缩放比例。使用"放缩"工具（S），直接输入不带单位的数字。例如，"2"表示放大两倍，而"0.5"表示缩小到原来的一半。

2）尺寸长度。使用"放缩"工具（S），输入一个数值并附带单位，如"2m"表示将物体缩放到 2 米的长度。

3）多重缩放比例。一维缩放仅需一个数值。二维缩放需要两个数值，表示 X、Y 方向的缩放。等比三维缩放只需一个数值，而非等比三维缩放则需要 X、Y、Z 三个方向的数值。

（2）配合功能键缩放。

1）Ctrl 键。实现中心缩放。

2）Shift 键。进行夹点缩放，允许在等比与非等比缩放之间切换。

3）Ctrl + Shift 键。可以在夹点缩放、中心缩放及中心非等比缩放之间互相转换。

3. 镜像物体

使用缩放工具也可以实现物体的镜像/缩放。只需向反方向拖曳缩放夹点或输入负数值（例如，"-0.5"表示反方向缩小到原来的一半）。如果希望使用镜像功能但保持图形大小不变，只需移动一个夹点并输入"-1"，这样就可以在不改变大小的情况下完成物体的镜像操作。

4. 实战训练——镜像人物

通过学习缩放镜像功能，练习使用缩放工具镜像人物。如图 2-2-3-3 所示。

图 2-2-3-3

（1）启动 SketchUp 2018 并执行"文件"丨"新建"命令，此时，可以在文件中看到一个默认的人物图形。

（2）选中这个人物图形，使用"移动"命令（M），同时按下 Ctrl 键。当鼠标指针对齐到绿色轴时，向右拖动鼠标复制该人物图形。如图 2-2-3-4 所示。

（3）选择刚复制的人物图形。使用"缩放"命令（S），单击图形的右侧中夹点（此夹点的功能是沿绿色轴进行缩放）。然后，向左拖动鼠标，并输入"-1"。这样，就在绿色轴的该方向上完成了与原图形同样大小的镜像操作。如图 2-2-3-5 所示。

（4）最后，移动图形到如图所示的位置，至此，操作完毕。

图 2-2-3-4

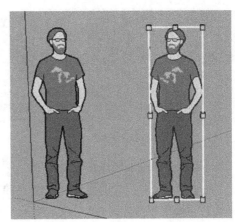

图 2-2-3-5

2.2.4 "推拉"工具

1. "推拉"工具的使用

推拉工具允许用户在垂直方向上拉伸图形的表面。其默认的快捷键是（P）。要使用此工具，只需选择推拉工具图标或按下（P）键，然后选中想要拉伸的表面。通过拖动鼠标或直接输入数值，可以轻松实现推拉操作，如图 2-2-4-1 所示。

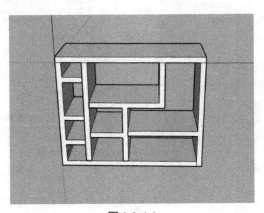

图 2-2-4-1

2. "推拉"工具的操作

（1）重复推拉操作。当已经将一个表面推拉到某一特定高度时，直接在另一表面上双击鼠标左键，这会使该表面的拉伸高度与先前推拉的表面高度一致。例如，如果推拉了第一个面 5 cm，那么双击第二个面，它也会被推拉 5 cm，如图 2-2-4-2 所示。

（2）配合 Ctrl 键复制推拉。当同时使用推拉工具和 Ctrl 键，可以在推拉时复制并生成一个新的表面。简单地说，这样操作可以创建一个新的推拉表面，如图 2-2-4-3 所示。

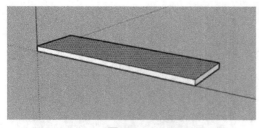

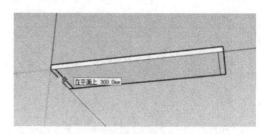

图 2-2-4-2   图 2-2-4-3

3. 实战训练——制作多宝格

通过学习拉伸工具的使用，了解拉伸工具的功能。如图 2-2-4-1 所示。

（1）使用"矩形"工具（R）绘制一个尺寸为 10000 mm×3000 mm 的矩形。使用拉伸工具，拉伸其厚度为 300 mm。如图 2-2-4-2 所示。

（2）切换视角到木板底部。使用"移动"工具（M）并选中边线。在此过程中，按住 Ctrl 键复制边线，并设置间距为 300 mm。如图 2-2-4-3 所示。

（3）选择"推拉"工具（P），在木板的左右两侧各拉伸 7000 mm。如图 2-2-4-4 所示。

（4）采用之前的方法，再次移动并复制木板的左右两边的边线，设置距离为 300 mm，并进行拉伸操作。如图 2-2-4-5 所示。

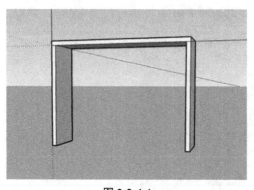

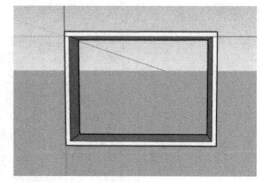

图 2-2-4-4   图 2-2-4-5

（5）根据设计需求，使用移动工具对内部边线进行移动和复制。具体的长度可以根据实际情况进行调整。完成此步骤后，可以得到一个多宝格的设计图。

2.2.5 "路径跟随"工具

1. "路径跟随"工具的使用

"路径跟随"工具能够让用户将截面按照指定路径进行放样，从而创造出复杂的三维几何体。

（1）手动放样。绘制所需的路径边线和截面。使用"路径跟随"工具并单击截面。沿着预先绘制的路径移动鼠标，此时会出现红色的指示。当鼠标移动至放样的结束点时，再次单击以完成操作。

（2）自动放样。选择预先绘制的路径，使用"路径跟随"工具单击截面进行自动放样。

2. 自动放样的操作

首先绘制一个水平的圆面，接着绘制一个与之垂直的圆面，选择水平圆面，使用"路径跟随"工具并点击垂直圆面进行放样。完成后的效果如图 2-2-5-1 所示。

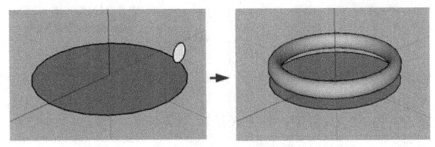

图 2-2-5-1

3. 实战训练——制作陶罐

通过学习"放样"工具的使用，了解"放样"工具的功能。如图 2-2-5-2 所示。

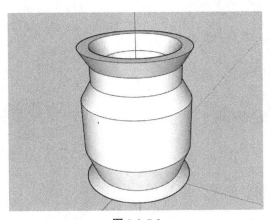

图 2-2-5-2

（1）使用"圆"命令（C）绘制直径为 1000 mm 的圆形。接着，使用"矩形"工具（R）垂直于圆面上绘制一个长 2500 mm、宽 1000 mm 的矩形。如图 2-2-5-3 所示。

（2）使用"直线"工具（L）在矩形上绘制所需的截面形状。如图 2-2-5-4 所示。

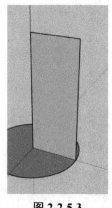

图 2-2-5-3

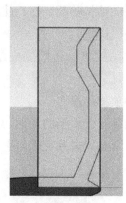

图 2-2-5-4

（3）使用"擦除"工具（E），去除多余的线段和面部，保持所需的截面形状清晰。如图 2-2-5-5 所示。

（4）选中圆形的边线，接着使用"路径跟随"工具并点击截面进行放样操作，从而完成整个模型的制作。制作后的效果如图 2-2-5-6 所示。

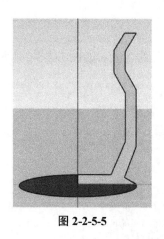

图 2-2-5-5

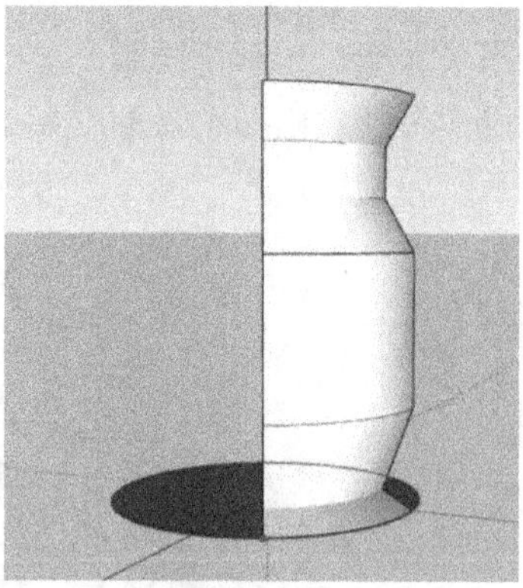

图 2-2-5-6

2.2.6 "偏移"工具和"卷尺"工具

1. "偏移"工具的使用

"偏移"工具，快捷键为（F），使用该工具，用户可以对一个面或一组共面进行偏移复制，从而生成新的表面。使用"偏移"工具（F），选择图形的边缘，然后输入偏移值，就可以完成图形的偏移。需要注意的是，负值会使图形反方向偏移。使用"偏移"工具（F）时，一次只能偏移一个面或一组共面。对于线的偏移，必须选择两条或更多的相连接的线，并确保所有选中的线都在同一平面上。

（1）面的偏移。选择要偏移的面，然后使用"偏移"工具（F），沿着面的边缘移动鼠标或输入具体数值来实现偏移。如图 2-2-6-1 所示。

（2）线的偏移。选中相邻的边缘，使用"偏移"工具（F），沿着边线移动鼠标或输入具体数值。如图 2-2-6-2 所示。

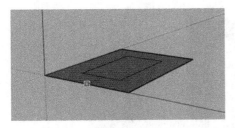

图 2-2-6-1

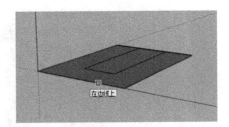

图 2-2-6-2

2."卷尺"工具的使用

"卷尺"工具，快捷键为（T），既可以测量图形的尺寸，也可以用于绘制辅助线或全局缩放模型。当使用卷尺工具时，按住 Ctrl 键可以只进行测量，不生成辅助线；直接双击一条线段可以生成与该线段重合的无限长辅助线。

（1）测量两点间的距离。使用"卷尺"工具（T），选择一个点作为起始点。移动鼠标时，会出现一个测量带，它的颜色会根据与哪个坐标轴平行而变化。数值框会实时显示此测量带的长度。选择第二个点作为结束点后，测量的距离会显示在数值框中。如图 2-2-6-3 所示。

（2）全局缩放。使用"卷尺"工具（T），选择图形中的一条线段作为参考，点击该线段的两端进行测量，数值框中会显示该线段的长度。在数值框中输入新的长度，例如，原测量的长度是 100 mm，输入新的长度 500 mm，然后按回车。SketchUp 2018 会弹出一个对话框询问是否调整尺寸。点击"是"，整个模型会按照 1：5 的比例进行放大。如图 2-2-6-4 所示。

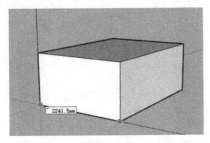

图 2-2-6-3

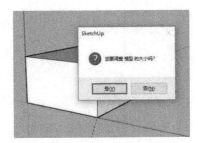

图 2-2-6-4

需要注意的是，在含有多个模型的场景中，如果只想缩放其中一个模型，请先将该模型组合起来，再执行上述缩放操作。这样，其他模型的尺寸不会发生变化。

3. 实战训练——制作镜框

通过学习"偏移"工具（R）和"卷尺"工具（T），深入了解这两个工具的功能和特性。如图 2-2-6-5 所示。

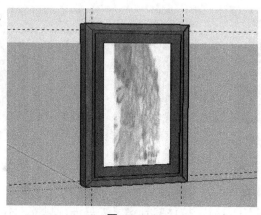

图 2-2-6-5

（1）使用"矩形"工具（R），在工作区点击任意点以定义矩形的一个角，然后向外拖动，同时在数值框中依次输入"700，1000"确定矩形的尺寸。使用"推拉"工具（P），点击矩形表面，垂直向上拖动并输入"100"作为厚度。如图 2-2-6-6 所示。

（2）选中矩形的前侧表面，使用"偏移"工具（F），在已选表面边缘点击一次，向内偏移 60 mm，接着再次使用"偏移"工具（F），同样向内偏移 15 mm。这时，可以看到一个窄的、宽为 15 mm 的框。使用"推拉"工具（P），选中这个窄面，延 Y 轴方向向图形外侧拉伸 25 mm。如图 2-2-6-7 所示。

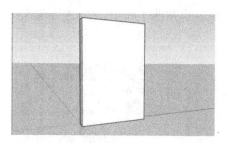

图 2-2-6-6

图 2-2-6-7

（3）选择前侧面积最大的表面，然后使用"偏移"工具（F）向内偏移 50 mm，之后，使用"推拉"工具（P），选择偏移后的小矩形面，向图形内推进 30 mm。如图 2-2-6-8 所示。

（4）使用"卷尺"工具（T），在第 2 步新生成的面上点击边缘，然后拖动以绘制参考线。确保参考线与矩形面的边缘平行。如图 2-2-6-9 所示。

图 2-2-6-8

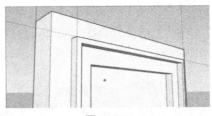

图 2-2-6-9

（5）使用"直线"工具（L），从参考线的起点开始，确保画出的线条沿着参考线，将框架的四边连接起来，从而形成四个斜面。如图 2-2-6-10 所示。

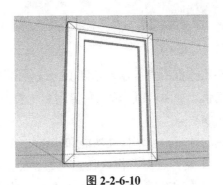

图 2-2-6-10

（6）选择"文件"｜"导入"选项，从计算机中选择合适的图像文件导入到 Sketch-Up 2018 中，将其应用到模型上，以便完成模型的制作。

2.2.7 "量角器"工具

1. "量角器"工具的使用

"量角器"工具不仅能测量角度，还能绘制辅助线。它具备测量角度和创建角度辅助线的功能。

当使用"量角器"工具后，视图中将呈现一个圆形的量角器。此时，光标所指的地方即为量角器的中心位置。移动量角器时，它会依据坐标轴和几何体自动调整定位方向。配合 Shift 键使用，还可将量角器锁定在特定的平面上。

2. 测量角度和创建角度辅助线

（1）测量角度。要测量角度，首先将量角器的中心定位于角的顶点，然后使量角器的基线与要测量的起始边对齐。接着，拖动鼠标使量角器旋转，以捕捉到要测量角度的第二条边。此时，光标上会显现一条随量角器旋转的辅助线。当捕捉到第二条测量边后，所测量的角度值便会在数据框中显示。如图 2-2-7-1 所示。

（2）创建角度辅助线。使用"量角器"工具，捕捉并单击辅助线要经过的角的顶点。

接着在一个已存在的线段或边线上单击，随后移动光标。此时，光标上将出现一个新的辅助线。在适当的位置再次单击即可创建该辅助线，同时角度值也会在数值框中显示。如图 2-2-7-2 所示。

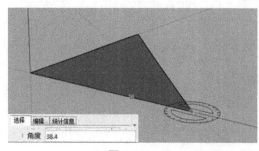

图 2-2-7-1   图 2-2-7-2

需要注意的是，可以在数值框中直接输入角度值。这些值可以是具体的角度，也可以是角的斜率（例如角的正切值，如 1 : 6）。输入负值则意味着辅助线会朝反方向创建。

3. 实战训练——制作躺椅

了解并学习量角器工具的使用，以掌握其功能和特点，如图 2-2-7-3 所示。

（1）使用"矩形"（R）工具，点击工作区任意位置，然后拉动鼠标，根据提示在数值框中输入"1452，656"，敲击回车键，即可得到一个尺寸为 1452 mm × 656 mm 的长方形，如图 2-2-7-4 所示。

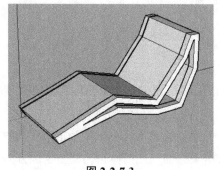 

图 2-2-7-3   图 2-2-7-4

（2）使用"卷尺"工具（T），从长方形的角点开始，点击并拉动鼠标以在长方形上绘制辅助线，如图 2-2-7-5 所示。

（3）使用"量角器"工具，将鼠标放在右侧边线的中点，点击并开始旋转。在数值框中输入"64"，敲击回车键，从而绘制一个与最右侧边线夹角为 64° 的斜线辅助线。同理，绘制出其他所需的角度辅助线，如图 2-2-7-6 所示。

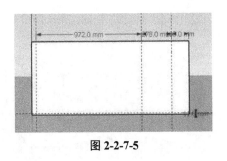

图 2-2-7-5

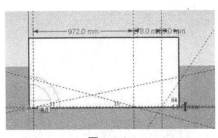

图 2-2-7-6

（4）使用"直线"工具（L），从一个辅助线的交点开始，点击并拉动鼠标至另一个交点，如图 2-2-7-7 所示。

（5）使用"擦除"工具（E），删除那些不必要的边线和参考线，如图 2-2-7-8 所示。

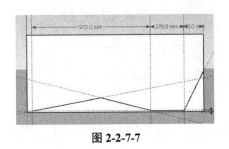

图 2-2-7-7

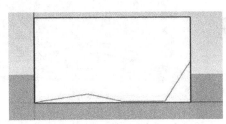

图 2-2-7-8

（6）使用"卷尺"工具（T），在图形上绘制必要的辅助线，如图 2-2-7-9 所示。

（7）使用"直线"工具（L），根据新的辅助线绘制所需的线段，如图 2-2-7-9 所示。

（8）使用"量角器"工具，在图形上的指定交点处绘制新的辅助线，如图 2-2-7-10 所示。

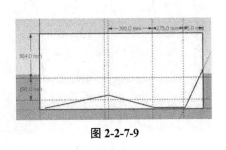

图 2-2-7-9

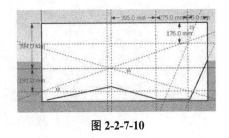

图 2-2-7-10

（9）使用"直线"工具（L）连接新绘制的辅助线，使用"擦除"工具（E）删除不必要的辅助线。完成后的图形如图 2-2-7-11 所示。

（10）使用"偏移"工具（F），点击图形的边线并向内拖动，根据底部提示输入"50"进行内偏移，如图 2-2-7-12 所示。

（11）使用"选择"工具高亮内部面积并删除，随后双击外部面积使其成为一个群组。接着，使用"推拉"工具（P），点击这个面并向前方拉伸，根据底部提示输入"60"，如

图 2-2-7-13 所示。

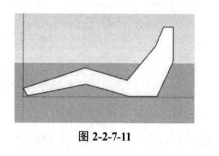

图 2-2-7-11

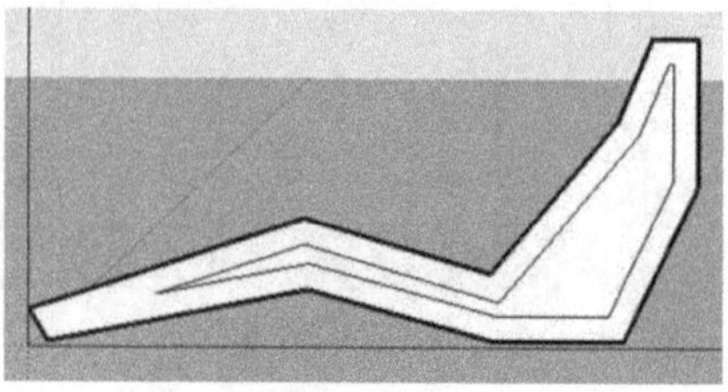

图 2-2-7-12

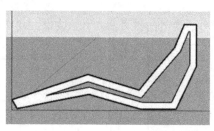

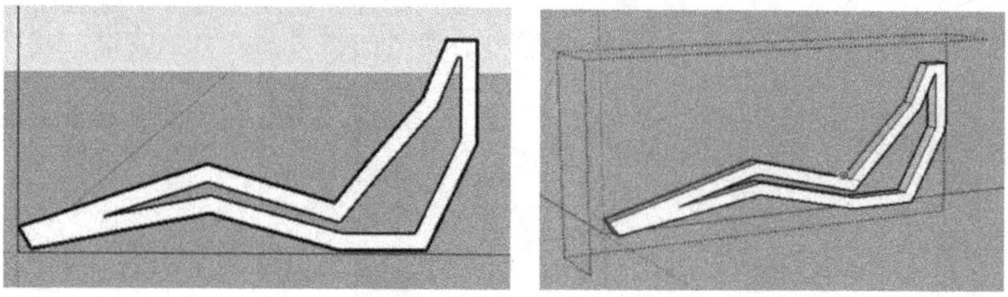

图 2-2-7-13

（12）按住 Ctrl 键，使用"移动"工具（M），点击图形并向蓝轴方向拖动。根据底部提示输入"540"复制整个图形，如图 2-2-7-14 所示。

（13）根据需要复制、移动并调整图形的尺寸或位置。最后，使用"缩放"工具（S）调整整体的大小和形状以完善躺椅的外观，如图 2-2-7-15 所示。

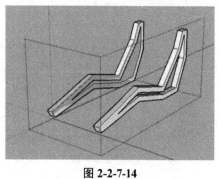

图 2-2-7-14

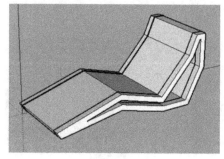

图 2-2-7-15

2.2.8 "尺寸标注"工具

"尺寸标注"工具允许用户在模型中进行详细的尺寸标注。标注的参考点可以是端点、中点、边线上的点、交点，或者圆和圆弧的圆心。

（1）标注设置。在"窗口"｜"模型信息"管理器中找到"尺寸"面板，以定制标注的样式和外观，如图 2-2-8-1 所示。

（2）标注线段。要对线段进行标注，请先单击线段的两个端点，然后移动鼠标到所需位置，再单击以确定标注位置。完成的标注效果如图 2-2-8-2 所示。

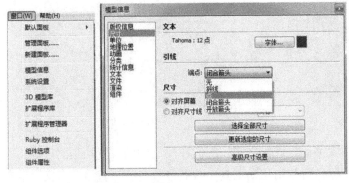
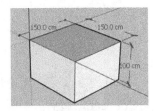

图 2-2-8-1   图 2-2-8-2

（3）直径与半径标注。当需要标注圆或圆弧的直径或半径时，只需单击对应的圆或圆弧边线，移动鼠标到适当的位置，然后单击以完成标注。如图 2-2-8-3 和 2-2-8-4 所示，其中"DIA"代表直径，"R"代表半径。

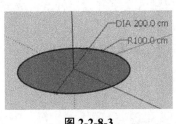
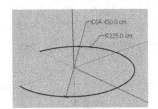

图 2-2-8-3   图 2-2-8-4

需要注意的是，在完成直径或半径的标注后，可以右键点击该标注，从弹出的上下文菜单中选择"类型"选项，以便修改或调整已标注的直径或半径。

2.2.9 "文字标注"工具

"文字标注"工具允许用户为模型添加注解，包括引注文字和屏幕文字。在"模型信息"面板中，用户可以自定义文字标注的样式，如文字内容、引线端点样式、字体以及颜色等。

（1）引注文字。使用"文字标注"工具后，直接在模型实体（如表面、边线、端点、组件或群组）上单击确定引线的起始位置。随后移动鼠标以调整引线方向，再次单击即可定位文本框。此时，输入所需注释内容，如图 2-2-9-1 所示。

（2）屏幕文字。在使用"文字标注"工具的状态下，直接在屏幕空白区域单击会弹出一个文本输入框。完成输入后，点击文本框外或连续按两次回车键即可确认，如图 2-2-9-2 所示。

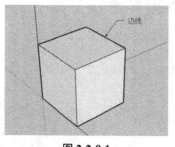

图 2-2-9-1

图 2-2-9-2

（3）编辑文字。无论是引注文字还是屏幕文字，它们在模型中的位置均是固定的，不受视角变化的影响。要调整其位置，可使用移动工具。若需修改内容，直接双击文字或右键选择"编辑文字"命令进行编辑。

2.2.10 "三维文字"工具

"三维文字"工具专门用于创建立体效果的文字，如广告字体、LOGO、雕塑等。启用此工具后，"放置三维文本"对话框会出现，供用户输入文字并设定样式。完成设置后，点击放置按钮，然后在画面中移动鼠标选择文字的放置位置。

文字样式设置全部位于"放置三维文本"对话框中，具体如图 2-2-10-1 所示。

图 2-2-10-1

（1）对齐方式。包括左对齐、居中和右对齐，决定文字的对齐方式。

（2）高度。用于设定文字字符的大小。

（3）填充选项。选择此选项后，文字将为实体面。若不勾选"填充"，生成的文字只有外轮廓，没有实体面，此时"已延伸"选项也会变得不可用。

（4）已延伸。此选项用于为文字增加立体厚度，可在旁边的数值框中调节所需的厚度。

2.3　图层、群组与组件

【知识要点】

SketchUp 2018 图层的管理和运用
群组和组件的管理与运用

2.3.1　如何运用图层

图层的功能是对场景中的图形和标注进行分类管理，使其更容易进行选择、编辑和隐藏。图层的使用方法如下。

1. 设置图层工具栏

（1）选择"视图"｜"工具栏"，这将弹出"工具栏"窗口。在下拉菜单中勾选"图层"，如图 2-3-1-1 所示。

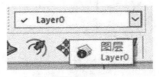

图 2-3-1-1

（2）"Layor0"是图层的默认名称，列出了所有模型中的图层。通过点击对应的图层名称可以设置其为当前活跃图层。

2. 图层面板设置

（1）通过"窗口"｜"管理面板"｜"默认面板"并勾选"图层"来打开图层面板，如图 2-3-1-2 所示。

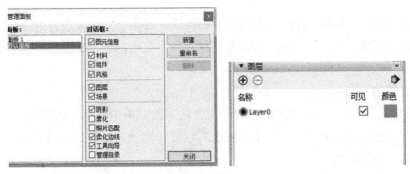

图 2-3-1-2

（2）图层设置。可以通过双击图层名称来重命名，点击色块则可以修改图层颜色。

（3）添加图层按钮。点击后会新建一个默认命名为"图层 1"的新图层。

（4）删除图层按钮。删除所选图层。若所选图层包含图形或标注，将弹出对话框询问如何处理这些元素。

（5）"名称"标签。用于重命名图层。

（6）"可见"标签。用于控制图层的显示或隐藏。

（7）"颜色"标签。展示各图层的颜色，点击色块可重新为图层选择颜色。

（8）"详细信息"按钮。点击后会展开额外的菜单项，如图 2-3-1-3 所示。

3. 设置图形或标注所在的图层

选中图形或标注，右键选择"模型信息"来打开"图层信息"窗口。在这里，可以查看选中元素的属性，或通过"图层"下拉列表更改其所在的图层，如图 2-3-1-4 所示。

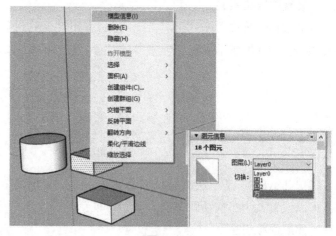

图 2-3-1-3   图 2-3-1-4

2.3.2 创建群组

在 SketchUp 2018 中，群组功能允许用户将单个或多个几何体组合为一个整体，从而方便地对其进行统一操作。群组可以是简单的线段、复杂的模型，或任何尺寸和范围的几何体。

1. 创建群组

选中想要组合成群组的物体。右键点击，从弹出菜单中选择"创建群组"。同样，该命令也可以通过菜单栏的"编辑"｜"创建群组"来完成，如图 2-3-2-1 所示。

2. 分解或编辑群组

（1）分解群组。右键点击所选物体，从弹出菜单中选择"炸开模型"。

（2）编辑群组。要编辑群组内的几何体，首先需要进入群组。可以通过双击左键或右键点击所选群组，然后选择"编辑组"命令。编辑模式下，群组的边界将由虚线表示，而群组外的物体将变为绘色且不可选。完成编辑后，点击群组边界之外的任何位置、按下 ESC 键，或选择"编辑"｜"关闭组/组件"来退出编辑模式，如图 2-3-2-2 所示。

3. 为群组添加材质

在 SketchUp 2018 中，新创建的物体默认具有灰色或白色的材质（可在"材料"面板中查看）。

创建群组后，可以为其应用新的材质，此时默认材质将被替换，但群组创建前的材质不会受到影响，如图 2-3-2-3 所示。

2.3.3　创建组件

组件和群组在 SketchUp 2018 中都是将多个元素组合成一个整体的功能。但组件带有关联复制特性，这意味着对一个组件的编辑会同步到所有复制的相同组件上。此外，组件可以从软件的内建组件库中调用或创建新的。

1. 群组与组件的区别

（1）群组。主要作为"选择集"，方便用户快速选择一组物体，无需逐一选取。提供操作保护，避免在编辑时误操作群组之外的物体。

（2）组件。提供关联修改功能，编辑一个组件会影响所有相同的组件。允许设定物体的坐标轴和朝向，增强操作性和显示效果。

2. 创建组件

选中想要定义为组件的物体，然后右键并选择"创建组件"。也可以点击大工具集中的"创建组件"按钮，或通过菜单选择"编辑"｜"创建组件"，如图 2-3-3-1 所示。组件设置选项包括以下 7 点。

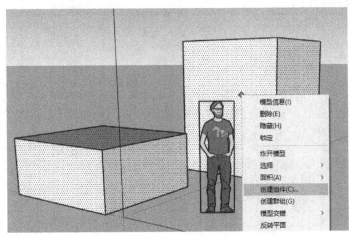

图 2-3-3-1

（1）"名称"和"描述"为组件命名和添加描述。

（2）"黏接至"指定组件插入时的对齐方式。

（3）"切割开口"创建开口，如门窗。

（4）"总是朝着相机"确保组件始终面向当前视角。

（5）"阴影朝向太阳"组件的阴影始终面向太阳。

（6）"设置组件轴"定义组件内的坐标轴。

（7）"用组件替换选择内容"替换当前几何体为指定组件。

3. 插入组件

通过选择"窗口"｜"默认面板"｜"组件"来打开组件面板。该面板内提供了 SketchUp 2018 的默认组件库，点击即可展开并使用库内组件。

4. 实战训练——插入组件

在 SketchUp 2018 中，通过掌握组件的操作方法，可以深入了解组件面板的功能和特点。如图 2-3-3-2 所示。

（1）选择"窗口"｜"默认面板"｜"组件"来访问并打开组件面板。如图 2-3-3-3 所示。

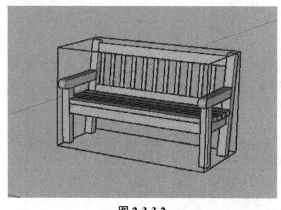
图 2-3-3-2

图 2-3-3-3

（2）在打开的组件面板里，找到"选择"部分，这里列出了一个组件取样文件库。用户可以单击以展开库内的所有组件。如图 2-3-3-4 所示。

图 2-3-3-4

（3）在面板上方有一个下拉列表，点击后，系统会展示所有的模型文件供用户选择。如图 2-3-3-5 所示。

图 2-3-3-5

（4）用户可以进入 3D 模型库查看所有的 3D 模型内容。例如，当找到"公园长椅"这一模型后，可以直接将其导入到 SketchUp 2018 的工作页面中。如图 2-3-3-6 所示。

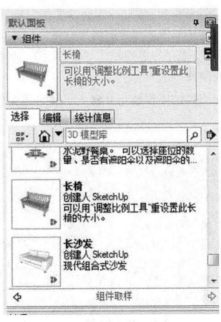

图 2-3-3-6

5. 编辑组件

要编辑组件，双击组件即可进入其内部编辑状态，这与编辑"群组"的方式相同。

（1）组件面板的使用。

组件面板中包含了常用的预设组件。在"选择"下拉列表中，用户可以通过"在模型中"和"组件"两个命令来切换显示的模型目录。

（2）组件的右键关联菜单。

1）设定为唯一。此命令允许对指定组件进行独立编辑，这样的编辑不会影响其他同类组件，并会生成一个新的组件实例。

2）炸开模型。此命令可以将组件炸开，使其不再与其他同类组件关联。组件内的元素会被分离，而原组件中的子组件则会变成新的组件。

3）另存为。允许用户将选中的组件保存为外部组件文件。

4）3DWearhouse（模型库）/共享组件。当设备连接到网络时，会弹出"3D 模型库"对话框，用户可以通过此对话框将自己制作的组件上传到"SketchUp"官方网站并分享。

5）更改坐标轴。此功能允许用户重新设置组件的坐标轴。

6）缩放与重设。组件的缩放方式与普通物体的缩放不同。调整一个组件的大小不会影响其他同类组件。但如果在组件内部进行缩放，所有相关的组件都会被影响。当组件变形后，可以通过"重设比例"或"重设变形"命令来恢复其原始形状。

淡化显示相似组件和其余模型的功能可进一步提高模型的可视性和编辑效率。

7）关联属性。当一个组件被修改时，所有与其关联的组件也会同时被修改。

8）修改关联组件。若要修改一个组件而不改变原组件的定义，用户可以右击该组件并选择"设定为唯一"命令，这会生成一个新的组件实例。

9）保存组件。组件可以被保存为单独的".skp"文件，或者被保存到组件库中。

6. 实战训练——组件的制作与插入

通过此练习，可以掌握组件的操作技巧并深入了解组件面板的功能和特点。如图 2-3-3-7 所示。

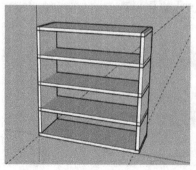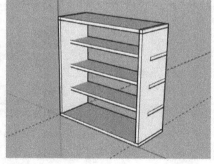

图 2-3-3-7

（1）使用"矩形"工具（R）绘制一个 1000 mm × 400 mm 的长方形。使用"推拉"工具（P）为其增加 30 mm 的厚度。选择整个形状，右键并选择创建群组（注意，这里先创建群组，而非组件）。如图 2-3-3-8 所示。

（2）使用"卷尺"工具（T），在矩形板的两边向内画出 30 的辅助线。使用"矩形"工具（R）沿着辅助线绘制矩形。如图 2-3-3-9 所示。

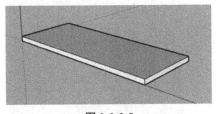

图 2-3-3-8

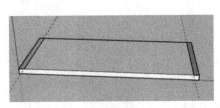

图 2-3-3-9

（3）使用"推拉"工具（P），同时按下 Ctrl 键并向上拉长 1000 mm。如图 2-3-3-10 所示。

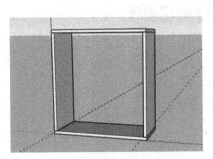

图 2-3-3-10

（4）复制刚才的群组并向上平移 250 mm。右键选择分解，接着再次右键选择创建组件。在弹出的对话框中，将其命名为"隔板"并设定黏贴方式为"垂直"。勾选"切割开口"和"用组件替换选择内容"。点击"设置组件轴"按钮，将图形的左下角设为原点，长宽高分别对应三个轴线。最后点击"创建"按钮完成操作。如图 2-3-3-11 所示。

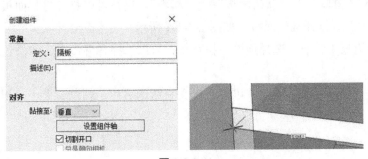

图 2-3-3-11

（5）打开组件面板，选择"窗口" ｜ "默认面板" ｜ "组件菜单"命令。在面板中，点击"在模型中"按钮，这时可以看到刚才创建的"隔板"组件。如图 2-3-1-12 所示。

（6）在组件面板中选择"隔板"，并将其插入到图形中。对中间的三个隔板进行缩放。如图 2-3-3-13 所示。

图 2-3-1-12

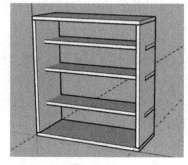

图 2-3-3-13

2.4　SketchUp 2018 材质和贴图

【知识要点】

SketchUp 2018 材质与贴图的运用。

贴图的技巧。

2.4.1　认识材质

在图形设计中，材质是指施加于图形上的颜色、图片等内容。为图形添加材质可以使其更加生动有趣。在 SketchUp 2018 中，新创建的图形会自动被赋予一个默认材质，其中正反两面颜色分别为"灰"和"白"。可以在风格面板的"编辑"选项板中调整这些默认设置。材料面板的设置如下所示。

（1）路径。"窗口" ｜ "默认面板" ｜ "材料"。这样可以打开材料面板。可以直接单击材质按钮（B）以打开材质面板。如图 2-4-1-1 所示。

（2）材料面板中，通过选择预设下拉菜单，可以选择各种预定义的颜色和材质。如图 2-4-1-2 所示。

（3）点击"创建材质"按钮，可以自定义材质的名称、颜色、大小等属性。如图 2-4-1-3 所示。

图 2-4-1-1

图 2-4-1-2

图 2-4-1-3

2.4.2　编辑选项卡

1. 选项卡内容

（1）拾色器。可以在此下拉列表中选择 SketchUp 2018 提供的 4 种颜色体系。如图 2-4-2-1 所示。

1）色轮。允许直接从色盘上选色，旁边的滑块则用来调整色彩的明度。

2）HLS。代表色相、亮度和饱和度，主要用于调整灰度值。

图 2-4-2-1

3）HSB。代表色相、饱和度和明度，适用于调整非饱和颜色。

4）RGB。代表红、绿、蓝三色，这是色光的三原色，用于产生丰富的色彩。

（2）匹配模型中对象颜色按钮。点击此按钮可以从模型中采样颜色。

（3）匹配屏幕上的颜色按钮。点击此按钮可以从屏幕上任何地方采样颜色。

（4）不透明度。可以设置材质的透明度，范围在 0~100 之间，数值越小则越透明。

2. 填充材质方法

（1）单个填充。打开材质工具，可以为单个或多个选中的物体上色。

（2）邻接填充。按住 Ctrl 键可以同时填充所有与选中表面相邻并具有相同材质的表面。

（3）替换填充。按住 Shift 键可以替换当前表面的材质。

（4）提取材质。按住 Alt 键，鼠标会变为吸管形状，此时点击模型中的任何实体，可以提取它的材质。

结合 Ctrl+Shift 可以同时实现"邻接填充"和"替换填充"。

3. 实战训练——为柜子添加木纹材质

通过学习实例，掌握如何赋予和调整材质。如图 2-4-2-1 所示。

（1）打开"实战训练——组件的制作与插入"课程中制作的柜子模型。使用"材质"工具并打开材料面板。在下拉列表中选择"木纹"选项，进行图形填充。如图 2-4-2-2 所示。

（2）切换到"编辑"选项卡。在 RGB 颜色输入框中输入您想要的数值，以调整材质的颜色。接着，在"宽度"框中输入数值"500"，这将调整纹理的大小。调整后的效果可参见图 2-4-2-3。

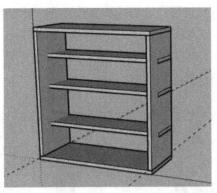

图 2-4-2-1

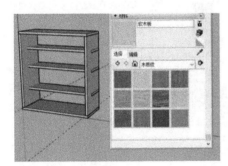

图 2-4-2-2

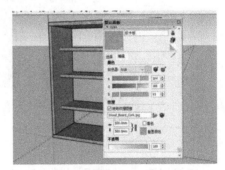

图 2-4-2-3

（3）完成以上步骤后，可以看到模型表面已被木纹材质成功填充。

2.4.3 认识贴图

在 SketchUp 2018 中，不仅可以使用软件自带的材质库，其中还包含了一些基础的贴图。若需增加更多的贴图纹理，可以在"材料"面板的"编辑"选项卡中勾选"使用贴图"复选框，或直接单击"浏览"按钮。随后在弹出的对话框中选择并导入所需的贴图至 SketchUp 2018。详细操作可以参照图 2-4-3-1。

1. 贴图坐标的调整模式

贴图坐标在平面上的应用十分有效，但在曲面上则受限。若需在曲面上使用贴图，建议将材质分别赋予曲面的每一部分。在 SketchUp 2018 中，贴图坐标主要有两种模式，"锁定别针"模式和"自由别针"模式。

（1）锁定别针模式。用户可在物体上的贴图右击，从弹出的菜单中选择"纹理/位置"命令。此操作后，物体的贴图将以透明形式展示，并在贴图上显示出四个彩色别针。需要注意的是，每个别针都有其特定的功能。

（2）自由别针模式。这一模式特别适合于设置和消除照片的扭曲效果。在此模式下，各别针之间并无互相制约，允许用户自由地将其拖曳至任意位置。要进入该模式，只需在贴图的右键菜单中取消"锁定别针"选项前的勾选。操作后，"锁定别针"模式便可切换至"自由别针"模式，此时，原本的四个彩色别针均会变为黄色。在此状态下，用户可以随心所欲地拖曳别针，从而调整贴图效果。

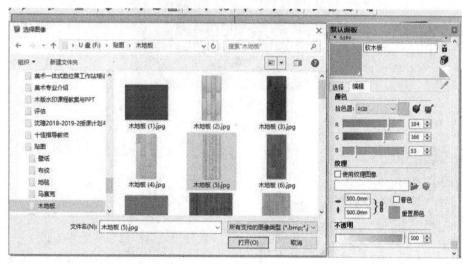

图 2-4-3-1

2. 实战训练——锁定别针模式贴图

通过实例学习掌握材质的赋予与调整。

（1）制作一个长方体。接着，打开材质（B）面板，在长方体的某一表面填充"蓝色砖块"材质。如图 2-4-3-2 所示。

（2）切换至"编辑"选项卡。在"宽度"设置处输入 1000，从而改变纹理大小。如图 2-4-3-3 所示。

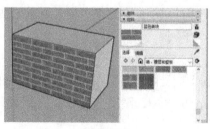

图 2-4-3-2

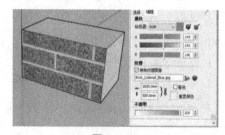

图 2-4-3-3

（3）在填充纹理上右击，选择"纹理/位置"命令。此时，纹理会以透明方式展示，并出现 4 个彩色别针。如图 2-4-3-4 所示。

（4）拖曳蓝色别针来实现"平行四边形变形"。在此过程中，底部的两个别针（移动和缩放旋转别针）是固定不动的。调整完毕后，点击外部区域退出编辑状态。如图 2-4-3-5 所示。

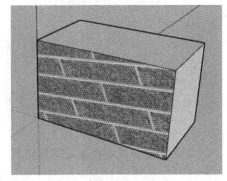

图 2-4-3-4   图 2-4-3-5

（5）不同颜色的别针具有不同功能。红色用于移动贴图，黄色用于实现梯形变形或透视效果，绿色则用于旋转和缩放贴图。

3. 实战训练——自由别针模式贴图

通过本实例，学会如何赋予并调整材质。

（1）制作一个相框。打开材质（B）面板，并为相框的内侧填充所选贴图。在贴图上右击并选择"纹理/位置"命令。如图 2-4-3-6 所示。

（2）在四个彩色别针出现后，再次对贴图右击。在弹出菜单中，可以看到"固定别针"选项已被勾选。点击此选项以取消勾选。如图 2-4-3-7 所示。

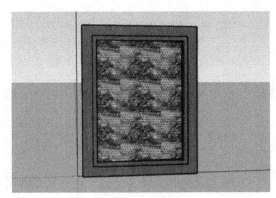
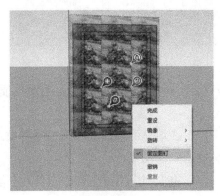

图 2-4-3-6   图 2-4-3-7

（3）一旦取消了"固定别针"的勾选，四个彩色别针将变为银色，分别位于完整图片的四个角上。如图 2-4-3-8 所示。

（4）分别拖曳并调整四个银色别针，使其与屏幕的四个角以及整个相框的内侧相重合。按下回车键以完成贴图的调整。效果展示如图 2-4-3-9 所示。

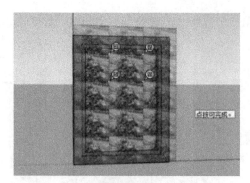

图 2-4-3-8

图 2-4-3-9

4. 实战训练——为书添加转角贴图

通过实例学习掌握材质的赋予与调整。如图 2-4-3-10 所示。

（1）制作一个长方体并打开材质面板。接着，单击"创建材质"按钮，勾选"使用纹理图像"选项，并添加"封面"图片文件。完成后，单击"打开"和"确定"。如图 2-4-3-11 所示。

图 2-4-3-10

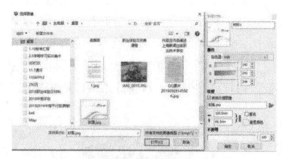

图 2-4-3-11

（2）选择刚刚添加的封面贴图材质，然后对书的表面进行填充。效果如图 2-4-3-12 所示。

（3）在填充的表面上右击，选择纹理/位置，从而进入贴图编辑状态。再次右击贴图，进入自由别针模式。

（4）拖曳四个图钉到四个顶角点。然后，沿轴线拖曳左侧的两个图钉，使得整个书面显示完整。如图 2-4-3-13 所示。

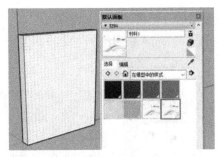

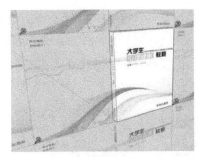

图 2-4-3-12　　　　　　　　　　　　　　图 2-4-3-13

（5）按回车键确定设置。在材质面板中，使用"样本原料"工具，在调整好的贴图上单击以提取材质样本。然后，用这个样本填充书的侧面书脊。如图 2-4-3-14 所示。

（6）在材质工具激活状态下，按住 ALT 键，此时鼠标变为提取工具。再次提取书脊的材质并将其应用到书的封底，完成整本书的无缝贴图制作。如图 2-4-3-15 所示。

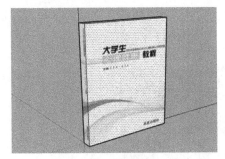

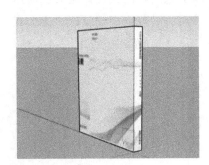

图 2-4-3-14　　　　　　　　　　　　　　图 2-4-3-15

5. 实战训练——为圆柱花瓶贴图

通过实例来掌握如何为物体赋予与调整材质。如图 2-4-3-16 所示。

（1）制作一个圆柱体。打开材质（B）面板后，单击"创建材质"按钮，勾选"使用纹理图像"，然后添加"花卉"图片文件。选中这个贴图并用它填充圆柱的表面。如图 2-4-3-17 所示。

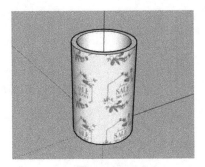

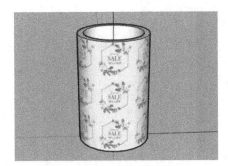

图 2-4-3-16　　　　　　　　　　　　　　图 2-4-3-17

（2）执行视图/隐藏物体命令，以显示模型的隐藏部分。如图 2-4-3-18 所示。

（3）选择圆柱的一个面，右击并选择"纹理/位置"，进入贴图编辑状态。调整贴图的大小和位置后，右击并选择"完成"。如图 2-4-3-19 所示。

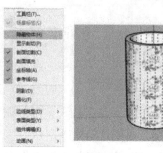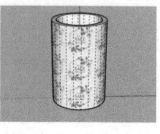
图 2-4-3-18

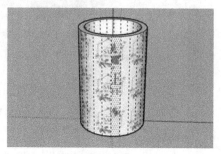
图 2-4-3-19

（4）退出贴图编辑。接着，使用"提取材质"工具从刚刚调整好的面上提取样本材质。然后，沿着指定的顺序，逐个点击其他的面，进行错位贴图。完成后，执行视图/隐藏物体命令，最终效果如图 2-4-3-16 所示。

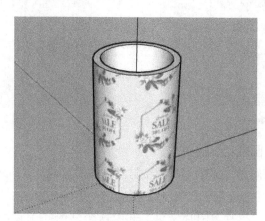
图 2-4-3-16

项目 ③   文件的编辑

【知识导引】

SketchUp 2018 的软件接口非常友善，支持大多数比较流行的绘图软件的导入与导出，还支持很多渲染软件的导出格式，另外，还有专门针对某一软件的导出插件，例如：Artlantis、Piranesi 等，使 SketchUp 2018 具有很强的交互性。

3.1 CAD 文件的导入与导出

【知识要点】

掌握 CAD 文件的导入与导出。

3.1.1 CAD 文件整理

1. 文件的整理

在导入 SketchUp 2018 前，需要对 AutoCAD 图形文件进行整理。整理过程主要分为以下 3 个步骤。

（1）开启隐藏图层。输入"LAYON"命令来显示全部图层。如图 3-1-1-1 所示。

（2）清理图形。键入"PU"并按回车键来执行"清理"命令。如图 3-1-1-2 所示。

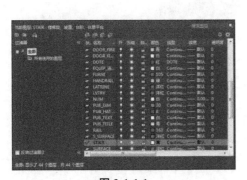

图 3-1-1-1

图 3-1-1-2

（3）另存为低版本。选择"程序" | "另存为"菜单命令，将文件保存为低版本。如图 3-1-1-3 所示。

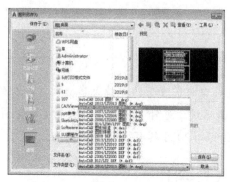

图 3-1-1-3

2.SketchUp 2018 对于 AutoCAD 文件格式支持的特点

（1）AutoCAD 主要有两种图形文件格式，DWG 和 DXF。SketchUp 2018 支持 DWG2013 和 DXF2013，并与低版本格式兼容。当使用高版本的 AutoCAD 制图时，推荐另存文件为低版本格式。

（2）SketchUp 2018 可以继承 AutoCAD 文件中的图层、图块等信息。若在 AutoCAD 中有隐藏的图层，这些图层也会被导入 SketchUp 2018。因此，在整理 CAD 文件时，需要特别注意图层的处理。

3.CAD 文件的清理与另存为低版本

（1）打开任意 CAD 图形文件，输入"LAYON"命令，以显示全部图层。

（2）输入"PU"并按回车键来执行"清理"命令。在弹出的清理面板中，勾选"确认要清理的每个项目""清理嵌套项目"以及"自动清理孤立的数据"。接着，点击"全部清理"按钮。在"清理-确认清理"面板中，点击"清理所有项目"按钮。如图 3-1-1-4 所示。

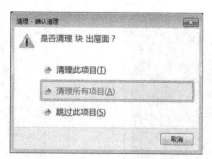

图 3-1-1-4

（3）选择"程序" | "另存为"菜单命令，在弹出的窗口中，从"文件类型"的下拉

菜单中选择"AutoCAD 2013/LT2013 图形（*.dwg）"选项。最后，点击"保存"按钮以完成 CAD 文件的低版本保存。

3.1.2　CAD 文件的导入

SketchUp 2018 不支持 AutoCAD 2018 及其更高版本。因此，如果使用较高版本绘制的图形，需将其另存为 DWG2013 或 DXF2013 以下版本。

当导入 DWG 格式文件时，可以对其进行相关设置。如图 3-1-2-1 所示。

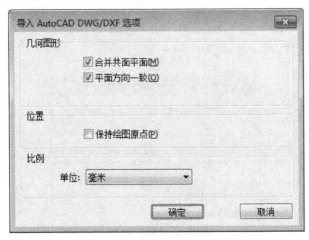

图 3-1-2-1

1.AutoCAD DWG/DXF 导入选项

（1）合并共面平面。在导入 DWG 或 DXF 文件时，某些平面可能存在三角形的划分线。手工删除这些线可能较麻烦，此选项允许 SketchUp 2018 自动删除这些多余的线。

（2）平面方向一致。启用此选项后，系统会自动分析导入的表面朝向，并统一它们的法线方向。

（3）保持绘图原点。确保导入的 DWG 文件的坐标与原始图形坐标匹配。

（4）单位。选择导入的 DWG 文件的单位，务必使 AutoCAD 和 SketchUp 2018 的单位设置保持一致。

2. 导入 CAD 文件的步骤。

（1）选择"文件"｜"导入"｜"文件导入"命令。

（2）在弹出的"导入"窗口中，从下拉菜单选择"AutoCAD 文件"作为导入文件类型。如图 3-1-2-2 所示。

（3）点击"选项"按钮。在"导入 AutoCAD DWG/DXF 选项"窗口中，勾选"合并共面平面"和"平面方向一致"，并将单位设置为"毫米"。如图 3-1-2-3 所示。

图 3-1-2-2

图 3-1-2-3

（4）点击"确定"返回到"导入"窗口，然后点击"确定"开始导入。导入完成后，将弹出"导入结果"对话框。如图 3-1-2-4 所示。

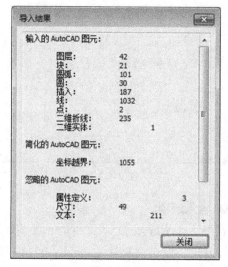

图 3-1-2-4

（5）点击"关闭"以完成 CAD 文件的导入。

3.1.3　CAD 文件导出为 DWG 格式的二维矢量图文件

除了可以导入 DWG 格式的文件，SketchUp 2018 还允许用户将其模型导出为二维或三维的 DWG 格式文件。如图 3-1-3-1 所示，如图 3-1-3-2 所示。当需要导出为二维的 DWG 文件时，SketchUp 2018 提供了消隐选项的设置。如图 3-1-3-3 所示。

1.DWG 导出选项详解

（1）AutoCAD 版本。选择导出文件的 AutoCAD 版本。

（2）实际尺寸。勾选后，将按照 1∶1 的真实尺寸比例导出。

（3）在图纸中/在模型中的样式。这两个参数控制导出图纸的比例。只有在开启"平行投影"并且为正视图时，才能调节图纸比例。

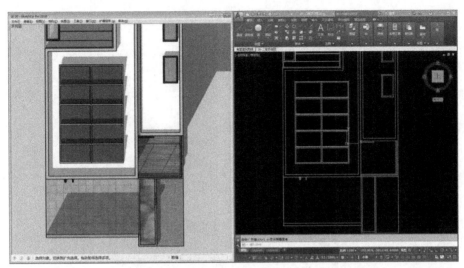

图 3-1-3-1

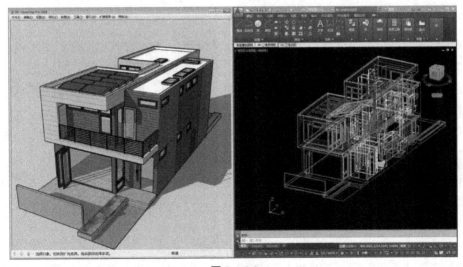

图 3-1-3-2

（4）宽度/高度。定义导出图形的尺寸。

（5）导出选项。如"无""有宽度的折线""宽线图元""在图层上分离""宽度"等。

1）无。导出时忽略风格、样式等显示效果，导出的正常线条。

2）有宽度的折线。导出的轮廓线为有宽度的多段线实体。

3）宽线图元。导出的剖面线为粗线实体。

4）在图层上分离。当轮廓线设置为单独的图层进行导出。

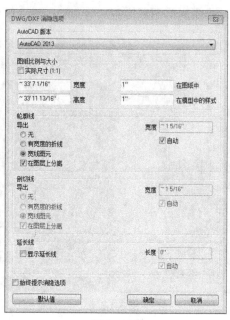

图 3-1-3-3

5）宽度。设置多短线的宽度。

（6）显示延长线。勾选后，导出时将包括 SketchUp 2018 样式中的延长线实体。

（7）延长线设置。如"长度"和"自动"，仅在勾选"显示延长线"时生效。

1）长度。用于指定延长线的长度。该项只有在激活"显示延长线"选项并取消"自动"选项后才生效。

2）自动。勾选该选项将分析用户指定的导出尺寸，并匹配延长线的长度，让延长线和屏幕上显示相似。该选项只有在激活"显示延长线"选项时才生效。

（8）始终提示消隐选项。勾选后，每次导出时都会弹出此对话框；否则，将使用上次的导出设置。

2. 开启"平行投影"并设置正视图

（1）在菜单中选择"相机"，并勾选"平行投影"。

（2）选择"视图"｜"工具栏"，在弹出的对话框中勾选"视图"选项卡。如图 3-1-3-4 所示。

3. 导出二维 DWG 步骤

（1）打开任意 SketchUp 2018 模型文件，选择"文件"｜"导出"｜"二维图形"。

（2）在"输出二维图形"面板中，从下拉菜单选择"AutoCAD DWG 文件（*.dwg）"。如图 3-1-3-5 所示。

（3）点击"选项"，在弹出的面板中勾选"实际尺寸（1∶1）"。如图 3-1-3-6 所示。

图 3-1-3-4

图 3-1-3-5

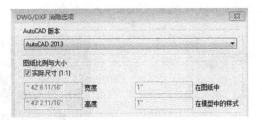

图 3-1-3-6

（4）点击"确定"后返回，然后点击"导出"完成操作。

3.1.4　CAD 文件导出为 DWG 格式的三维文件

　　尽管 AutoCAD 自带建模功能，但许多用户仍觉得 SketchUp 2018 提供了更直观和便捷的建模体验。因此，SketchUp 2018 允许用户先在其平台上建模，再将其导出为 DWG格式的三维模型。与二维导出相似，三维的 DWG 文件导出方法也有其特点，如图 3-1-4-1 所示。

图 3-1-4-1

1.SketchUp 2018 三维模型导出规则

（1）SketchUp 2018 允许导出线（如线框和辅助线）和面。需要注意的是，由 Sketch-Up 2018 导出的模型表面都是由三角面构成，这是由其内置的模型算法决定的。

（2）导入或导出 DWG 文件时，务必注意单位的统一，否则可能导致模型尺寸的偏差。

2. 导出三维 DWG 的步骤

（1）打开一个 SketchUp 2018 模型文件，选择"文件"｜"导出"｜"三维模型"。

（2）在"输出模型"面板中，从下拉菜单选择"AutoCAD DWG 文件（*.dwg）"。

（3）点击"选项"按钮，弹出"AutoCAD 导出选项"面板，在此勾选除了"构造几何图形"之外的所有选项。如图 3-1-4-2 所示。

（4）点击"确定"返回，并点击"导出"完成三维 DWG 文件的导出。

3. 实战训练——食堂 CAD 图纸的导入

此部分将通过导入食堂 CAD 图纸来实践 CAD 文件的导入方法。如图 3-1-4-3 所示。

图 3-1-4-2

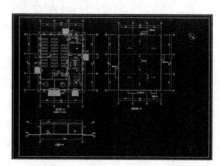

图 3-1-4-3

（1）打开"建筑食堂图纸"CAD 文件，输入"LAYON"命令来显示所有图层。如图 3-1-4-4 所示。

（2）输入"PU"并按回车键，执行"清理"命令。在弹出的清理面板中，勾选相应的选项后，点击"全部清理"按钮。在接下来的"清理-确认清理"面板中，点击"清理所有项目"按钮。如图 3-1-4-5 所示。

图 3-1-4-4

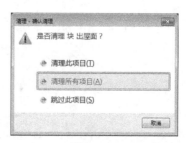

图 3-1-4-5

（3）选择"程序"｜"另存为"，在弹出的面板中选择"AutoCAD 2013/LT2013 图形（*.dwg）"格式，然后点击"保存"，完成 CAD 文件的低版本保存。

（4）开启 SketchUp 2018 软件，选择"文件"｜"导入"进行文件导入。

（5）在"导入"面板中，从下拉菜单中选择导入文件类型为"AutoCAD 文件"。如图 3-1-4-6 所示。

（6）点击"选项"按钮，在"导入 AutoCAD DWG/DXF 选项"面板中，勾选"合并共面平面"和"平面方向一致"，并确保单位设置为"毫米"。如图 3-1-4-7 所示。

图 3-1-4-6

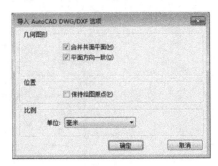

图 3-1-4-7

图 3-1-4-8

（7）点击"确定"返回"导入"面板，然后选择"食堂建筑图纸"文件。点击"确定"开始导入。导入完成后，会显示"导入结果"对话框，表示图纸已成功导入。如图 3-1-4-8 所示。

3.2　二维图像的导入与导出

【知识要点】

掌握二维图像的导入与导出。

3.2.1 二维图像的导入

在 SketchUp 2018 中，二维图像的导入与导出都是非常常见的操作。这是因为建模的终极目标往往是以图像形式展现。通常，导入图像有两种主要用途：一是将图像作为材质；二是将其用作底图。SketchUp 2018 支持多种图像格式，如：JPG、PNG、PSD、TIF、TGA 和 BMP 等。

1. 导入图像的步骤与选项

启动 SketchUp 2018，点击"文件"｜"导入"。在下拉菜单中选择"JPG 图像"，接着会出现"将图像用作"选项。如图 3-2-1-1 所示。

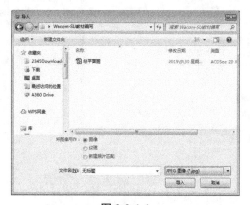

图 3-2-1-1

（1）用作图像。这将图像导入为可拉伸的图片。

（2）用作纹理。这会将图片作为材质导入并自动贴合到平面上。

（3）用作新建照片匹配。系统会自动添加一个页面并将图片作为匹配照片加载。

2.SketchUp 2018 对 AutoCAD 文件格式的支持与特点

（1）用户可以直接将图像文件拖放到 SketchUp 2018 的操作界面，这与选择"用作图像"导入时的效果相同。

（2）如果将图像用作场景导入到 SketchUp 2018，可以右键点击图像并选择"分解（炸开）"。分解后的图像可以用作材质纹理。

3. 导入二维图像的步骤

（1）启动 SketchUp 2018，点击"文件"｜"导入"。

（2）在"导入"对话框中，从下拉菜单选择"所有支持的图像类型"。如图 3-2-1-2 所示。

（3）勾选"图像"选项，选择要导入的二维图像，点击"导入"按钮。在屏幕上选择图像的位置，完成导入操作。如图 3-2-1-3 所示。

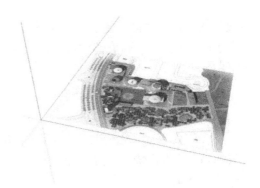

图 3-2-1-2   图 3-2-1-3

3.2.2　二维图像的导出与特性

在 SketchUp 2018 中，可以以多种方式展示绘制的图形，包括静态图像、模型及动画等。SketchUp 2018 支持多种导出图像格式，包括 PDF、EPS、BMP、JPG、PNG、EPX 和 TIF 等。

1. 导出二维图像的基本步骤及导出选项

完成模型绘制后，选择"文件"｜"导出"｜"二维图形"菜单命令，这将弹出"输出二维图形"面板。此时，可以在保存类型中选择上述的二维图形格式，如图 3-2-2-1 所示。需要注意的是，根据选择的二维图形格式，提供的选项内容也会有所不同。其中，JPG 格式是最常用的，如图 3-2-2-2 所示。

图 3-2-2-1   图 3-2-2-2

导出选项有以下 5 种。

（1）使用视图大小。勾选此选项将会导出当前视图窗口大小的图像，此时"宽度"和

"高度"输入框会变得不可编辑。取消勾选则可以自定义图像尺寸。

（2）宽度/高度。在取消勾选"使用视图大小"后，这里可以输入自定义的图像尺寸，单位为像素。

（3）消除锯齿。开启此选项可以对导出的图像进行平滑处理，以减少边线的锯齿效果，但这可能会增加处理时间。

（4）JPEG 压缩。此选项允许调整图像的压缩比例，它会影响图像的大小和质量。

（5）PDF 格式特性。PDF 格式的选项与 DWG/DXF 二维图像的"消隐选项"相似，如图 3-2-2-3 所示。

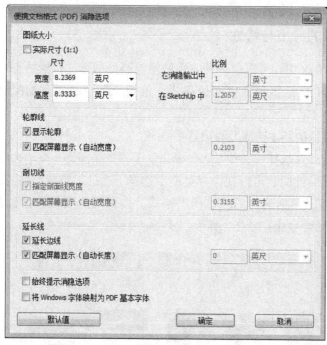

图 3-2-2-3

2.SketchUp 2018 对于 AutoCAD 文件格式的支持

（1）图像的长宽比例会根据视图窗口的比例锁定。使用自定义图像尺寸时，长宽比仍然会自动锁定。如需更改，可在导出图像后使用如 Photoshop 等图像编辑软件进行调整。

（2）PNG、TIF、BMP 等图像格式的导出方式和选项与 JPG 格式基本相同。

3. 二维图像的导出

（1）打开一个 SketchUp 2018 模型文件，然后选择"文件"｜"导出"｜"二维图形"。

（2）在弹出的"输出二维图形"面板中选择保存类型为"JPG 图像"，如图 3-2-2-4 所示。

（3）点击"选项"按钮，勾选"使用视图大小"和"消除锯齿"等选项，如图 3-2-2-5 所示。

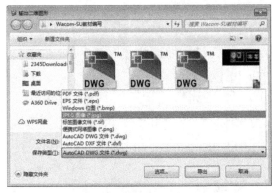

图 3-2-2-4   图 3-2-2-5

（4）返回"输出二维图形"面板，点击"导出"按钮，这样就完成了二维 DWG 文件的导出，如图 3-2-2-6 所示。

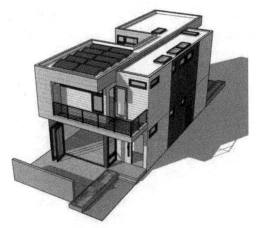

图 3-2-2-6

4. 实战训练——学校总平面图二维图像的导入

运用之前学习的二维图像导入方法，实际操作学校总平面图的导入，如图 3-2-2-7 所示。

（1）启动 SketchUp 2018，然后直接将需要导入的学校总平面图文件拖入 SketchUp 2018 操作窗口，如图 3-2-2-8 所示。或者执行"文件"｜"导入"｜"文件导入"命令。在弹出的"导入"面板中，在下拉菜单栏中选择导入文件类型"JPEG 图像"，单击"导入"按钮。

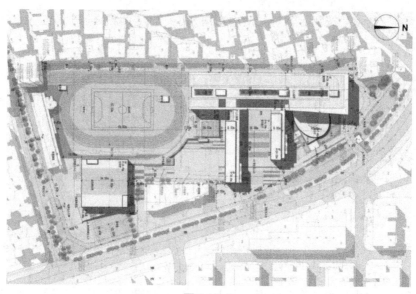

图 3-2-2-7

（2）在屏幕上指定图像的角点位置以完成导入，如图 3-2-2-9 所示。

（3）使用 SketchUp 2018 的绘图和编辑工具，可以快速建立体块模型。具体操作方法此处不再详述，如图 3-2-2-10 所示。

图 3-2-2-8

图 3-2-2-9

图 3-2-2-10

3.3　三维模型的导入与导出

【知识要点】

掌握三维模型的导入与导出。

3.3.1 三维模型的导入

SketchUp 2018，凭借其简单易用的特性，已广受设计师的喜爱。众多室内设计公司因其易操作性而选择使用 SketchUp 2018 创建模型，再将其导出到其他三维建模软件，如 3DS MAX，进行模型的细化与渲染。有些形体复杂的模型，特别是非常规形状，可能首先在专业于复杂三维建模的软件中（例如 3DS MAX、Rhino）创建，之后再导入至 SketchUp 2018 中。

SketchUp 2018 支持众多的 3D 模型格式，如图 3-3-1-1 所示。其中，最为常用的是 3DS 格式。3DS 是 3DS MAX 建模软件的原生文件格式，并被广大软件作为共通的导出格式采用。这一格式保留了各软件使用的相对空间信息，但例如材质、单位等在不同软件中的处理机制可能会有所不同，适用于多种三维建模软件。

图 3-3-1-1

1.3DS 导入步骤

（1）选择"文件"｜"导入"｜"文件导入"命令。弹出"导入"面板后，在下拉菜单中选择"3DS 文件"格式。

（2）单击"选项"，此时会弹出 3DS 导入选项面板，如图 3-3-1-2 所示。

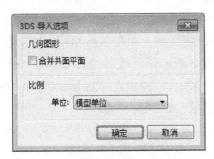

图 3-3-1-2

2.3DS 导入选项

（1）合并共面平面。在导入 3DS 格式文件时，模型表面可能会出现的三角形划分线，此选项允许 SketchUp 2018 自动删除这些多余的线条。

（2）单位。确保原始模型的单位与 SketchUp 2018 当前的场景单位一致。选择具体的单位标准，对"模型单位"进行谨慎选择。

3. 二维图像的导入

（1）启动 SketchUp 2018 程序，选择"文件"｜"导入"命令。

（2）在弹出的"导入"面板中，从下拉菜单中选择"3DS"文件类型，如图 3-3-1-3 所示。

（3）点击"选项"，在弹出的 3DS 导入选项面板中勾选"合并共面平面"，再点击"确定"。选择需要的 3DS 文件并点击"导入"完成操作，如图 3-3-1-4 所示。

图 3-3-1-3

图 3-3-1-4

3.3.2　三维模型的导出

SketchUp 2018 对模型管理的显著特点是通过群组和组件。利用这两个功能，用户可以轻松地对特定的选择集进行诸如移动、修剪等编辑操作。

SketchUp 2018 和 3DS MAX 的模型描述方式存在显著差异。在 SketchUp 2018 中，对象的基本描述是通过线和面来定义的，而在 3DS MAX 中则是以可编辑网格物体为基本操作单位。编辑网格物体的点、线、面可能导致贴图坐标变形。因此，建议在 SketchUp 2018 中尽量完成整个模型的绘制，以减少在 3DS MAX 中的编辑需求。

1. 三维模型导出操作流程及 3DS 导出选项

完成模型的绘制后，可以从 SketchUp 2018 中导出该模型。操作路径为，"文件"｜"导出"｜三维模型，之后会弹出"输出模型"面板。在这里，用户可以选择多种保存类型，包括"DWG"、"DXF"、"DAE"、"FBX"、"IFC"和"OBJ"等，如图 3-3-2-1 所示。

选择 3DS 格式后，点击"选项"按钮，会出现"3DS 导出选项"面板，如图 3-3-2-2 所示。3DS 导出选项介绍如下。

图 3-3-2-1

图 3-3-2-2

（1）完整的层次结构。按照 SketchUp 2018 中的分组和组件的层组关系导出模型。

（2）按图层。模型会基于图层关系分组导出。

（3）按材质。模型将按照材质贴图关系分组导出。

（4）单个对象。整个模型被视为一个单独的物体进行导出，适用于基底或单一物体。

（5）仅导出当前选择内容。仅导出当前选择的物件。

（6）导出两边的平面。可以选择"材料"或"几何图形"选项。"材料"选项允许开启双面标记。使用此选项导出的多边形数量与单面导出的数量相同，但不能应用 Sketch-Up 2018 中的反面材质。"几何图形"选项则会将每个 SketchUp 2018 的面分为正面和反面，分别进行导出。这样，导出的多边形数量会增加一倍，但两面都可以独立设置材质。

（7）导出独立的边线。边线会被独立导出。

（8）导出纹理映射。模型的材质贴图也会被导出，但材质名称必须用英文或数字，并且不超过 8 个字符。

（9）保留纹理坐标。保持 SketchUp 2018 中的贴图坐标。

（10）固定顶点。确保贴图坐标与平面视图保持一致。

（11）从页面生成相机。为当前的视图和页面创建相机，这在 3DS MAX 导入时非常有用。

（12）单位。选择导出模型的单位，如果选择"模型单位"，则使用 SketchUp 2018 默认的单位设置。

2.3DS 格式要求

（1）3DS 格式对中文支持不佳。当在 SketchUp 2018 中导出 3DS 文件时，建议文件名只使用英文或数字。如果使用了其他字符，系统会自动提示更名并要求确认。

（2）虽然 SketchUp 2018 支持导出 DWG 等格式的三维模型文件，但只有 3DS 格式能够记录材质信息。当需要在其他软件中进行渲染时，建议采用 3DS 格式进行导出。

3. 三维模型的导出

（1）打开任意 SketchUp 2018 模型文件，并选择"文件"｜"导出"｜"三维模型"。

（2）在弹出的"输出模型"面板中，从下拉菜单选择"3DS 文件"作为保存类型。

（3）单击"选项"按钮，然后在"3DS 导出选项"面板中选择"毫米"为单位，其他设置保持默认，如图 3-3-2-3 所示。

（4）单击"确定"后，返回到"输出模型"面板，并点击"导出"开始导出过程，如图 3-3-2-4 所示。

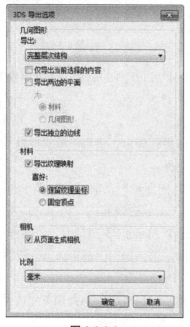

图 3-3-2-3

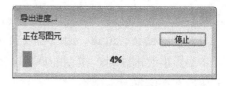

图 3-3-2-4

（5）导出完成后，您可以在指定的文件夹中查看导出的模型和材质，如图 3-3-2-5 所示。

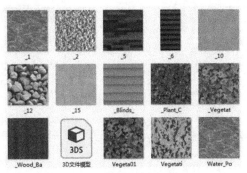

图 3-3-2-5

4. 实战训练——别墅 3DS 格式模型的导入

为了加强理解，我们将进行一个别墅 3DS 格式模型的实战导入练习，如图 3-3-2-6 所示。

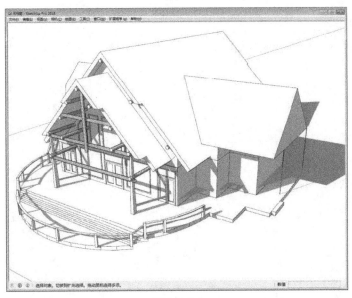

图 3-3-2-6

（1）启动 SketchUp 2018 程序，然后选择"文件"｜"导入"。在弹出的"导入"面板中，从下拉菜单选择"3DS 文件"，如图 3-3-2-7 所示。

（2）单击"选项"按钮，在弹出的"3DS 导入选项"面板中，勾选"合并共面平面"并在"单位"中选择"毫米"，如图 3-3-2-8 所示。

（3）单击"确定"返回到"导入"面板，然后从文件管理器中选择"别墅 3DS 格式"文件并点击"导入"。这样，您就完成了 3DS 格式模型的导入，如图 3-3-2-9 所示。

图 3-3-2-7

图 3-3-2-8

图 3-3-2-9

项目 4   SketchUp 2018 实例操作

【知识导引】

通过实例操作巩固所学知识。

4.1 制作功能性建筑模型——实战训练

【知识要点】

SketchUp 2018 建筑模型制作。

SketchUp 2018 工具栏。

SketchUp 2018 窗口材料与风格面板。

建筑设计在城市规划中扮演着至关重要的角色。通过熟练地操作建筑模型并运用 SketchUp 2018 软件，我们可以总结出在建筑模型制作中需要使用的关键工具和流程，为未来的建筑设计实践打下坚实的基础。

借助之前学习的各类工具，如"直线""矩形""推拉""偏移""旋转"以及"群组"等，结合模型信息、阴影、材料和风格面板，绘制出一座漂亮的休憩亭。其设计示意如图 4-1-1-1 所示。

图 4-1-1-1

1.SketchUp 2018 建筑模型制作技巧

（1）建筑模型的单位选择。小型建筑模型通常使用 mm 作为单位，而中大型模型则采用 cm 或 m 作为单位。

（2）模型的正反面选择。在 SketchUp 2018 中，每个模型的平面都具有正反两面。由反面推拉形成的面仍然是反面。在渲染时，反面会呈现为黑色，这会极大地影响渲染的效果。因此，建议在模型构建的初期就确保所有对外的面都是正面，这是一个非常重要的建模习惯。

（3）建立组的优势。通过右键点击创建群组，可以避免物体靠近另一个物体时产生的变形。此外，只需直接点击模型组，即可选中所有模型，使整体移动和其他操作更为便捷。

（4）编辑组的做法。只需双击成组的模型即可进入该组并对组内的模型进行编辑。完成编辑后，双击模型外的部分即可退出当前组的编辑模式。

（5）模型翻转。选择绿轴、红轴或蓝轴是基于模型成组时的坐标系位置。因此，实际的选项可能会有所不同，建议多加尝试。

2. 实战训练——绘制休憩亭

具体绘制步骤如下。

（1）选择"窗口"菜单中的"模型信息"，此时会弹出模型信息的选项卡。在此窗口中，找到"单位"部分，调整长度单位为"十进制、mm"。设置精确度为"0 mm"，确保"显示单位格式"的选项是打勾状态。如图 4-1-1-2 所示。

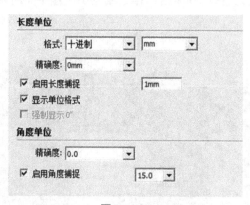

图 4-1-1-2

（2）向工具栏的空白区域右键点击，从弹出的上下文菜单中，选择并切换至俯视图，或者直接按 F2 键。

（3）从亭子的立柱开始。使用"矩形"工具（R），在坐标系原点处开始绘制，拖动至 150 mm × 150 mm，形成一个正方形。

（4）绘制完成后，观察正方形的颜色。若其呈蓝灰色，这意味着绘制的是一个反面。此时，单击选中此面，然后右键选择"反转平面"选项。如果看到的面为灰色或白色，则无需进行此操作。如图 4-1-1-3 所示。

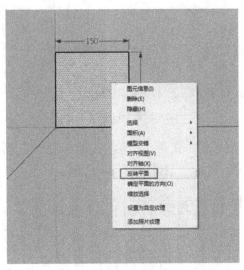

图 4-1-1-3

（5）接着，使用"推拉"工具（P），单击刚刚绘制的面，向上拖动直至 2800 mm。完成后，右键点击并选择"成组"选项，或直接使用快捷键 G。

（6）退出当前组后，重复第 3、4、5 步骤，以同样的方式绘制 25 mm × 25 mm × 2800 mm 的细长格栅条，然后进行成组。

（7）选择"移动"工具（M），选中刚制作的细长格栅条，偏移 50 mm，确保其与先前的立柱在同一平面上。其内侧中线与立柱的中线应对齐，两者之间的距离为 25 mm。如图 4-1-1-4 所示。

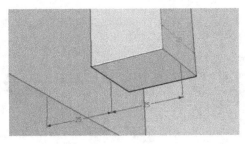

图 4-1-1-4

（8）再次退出当前组。选择细长格栅条，用"移动"工具（M），同时按下 Ctrl 键，向相应方向移动 25 mm。之后，不放开鼠标，直接输入"*19"，回车，这样就快速复制出了 19 组格栅条。如图 4-1-1-5 所示。

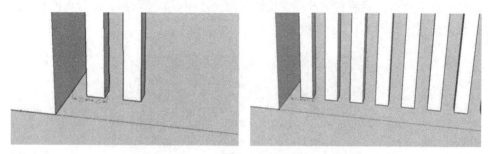

图 4-1-1-5

（9）选择之前创建的立柱组，使用"移动"工具（M）将其复制到格栅条的末端，确保其与最外侧的格栅间距为 25 mm。如图 4-1-1-7 所示。

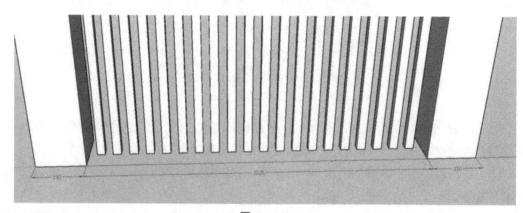

图 4-1-1-7

（10）切换回俯视图，具体操作如第 2 步所示。如图 4-1-1-8 所示。在立柱的顶面上使用"直线"工具（L）绘制一条从一个角到对面角的对角线。

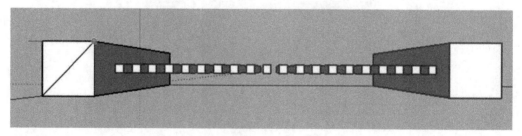

图 4-1-1-8

（11）选择"旋转复制"工具。定位到立柱顶面的中心点，确保参考面为顶面，然后进行 90° 的旋转复制，制作垂直方向上的格栅。如图 4-1-1-9 所示。

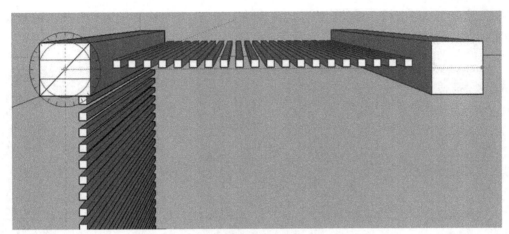

图 4-1-1-9

（12）使用"移动"工具（M）再次复制立柱和格栅，确保四个立面的立柱及格栅的间距尺寸正确，如图 4-1-1-10 所示。在此过程中，务必确保所有的立柱及格栅都在同一水平面上，且它们的中轴线对齐，以避免出现错位情况。

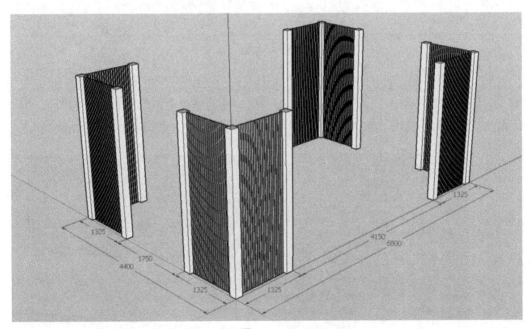

图 4-1-1-10

（13）为制作亭子的顶部作准备。在旁边的工作空间上，选择"矩形"工具（R），绘制一个 6200 mm × 8500 mm 的长方形。

（14）使用"推拉"工具（P），单击长方形的面并上拉 15 mm。完成后，选择"偏移"工具（F），点击长方形的边缘并向内拖动 30 mm，形成内部的 A 面和外部的 B 面。
如图 4-1-1-11 所示。

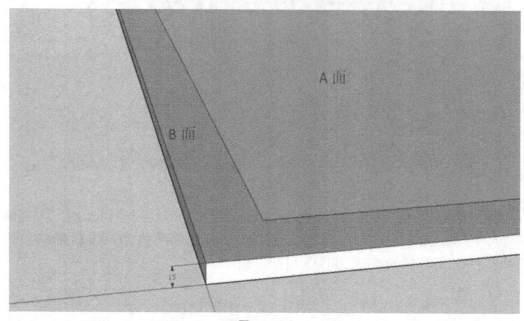

图 4-1-1-11

（15）选择 A 面，再次使用"推拉"工具（P）向上拉伸 70 mm。选择 B 面，使用
"移动"工具复制其到 A 面顶部，形成 C 面。在 C 面的基础上再形成 D 面。如图 4-1-1-12
所示。选中 D 面，使用"推拉"工具（P）向上拉伸 15 mm，如图 4-1-1-13 所示。

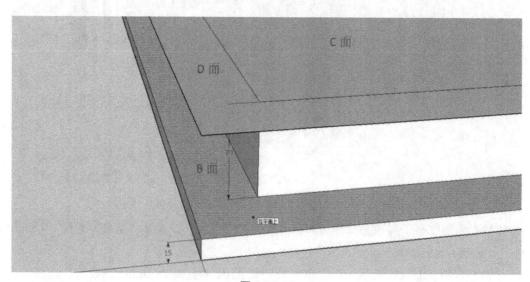

图 4-1-1-12

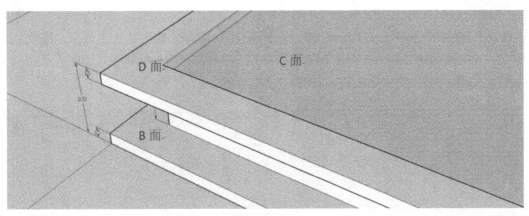

图 4-1-1-13

（16）确保在 SketchUp 2018 中的视角能够清晰看到 C 面。选中 C 面，接着使用"推拉"工具（P）向上拖动 15 mm，直至其与 D 面的顶面完全重合。如图 4-1-1-14 所示。

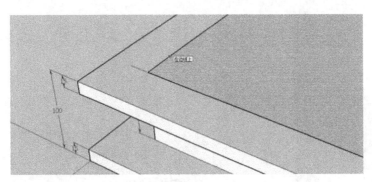

图 4-1-1-14

（17）使用"擦除"工具（E），逐一点击或划过那四条不必要的内部线条以将其删除。如图 4-1-1-15 所示。

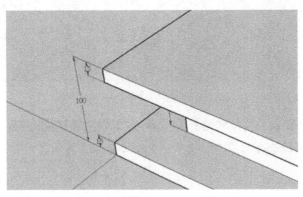

图 4-1-1-15

（18）选中顶面，使用"偏移"工具（F），然后将顶面向内缩减 1500 mm，这样将会生成两个新的面，分别为 E 面和 F 面。如图 4-1-1-16 所示。选中 E 面，使用"推拉"工具（P）向上拖动 80 mm。对于 F 面，向下推拉到最底部，将光标对齐最底层的位置，然后删除 F 面以形成一个中空区域。如图 4-1-1-17 所示。

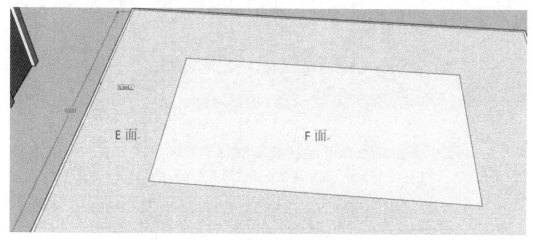

图 4-1-1-16

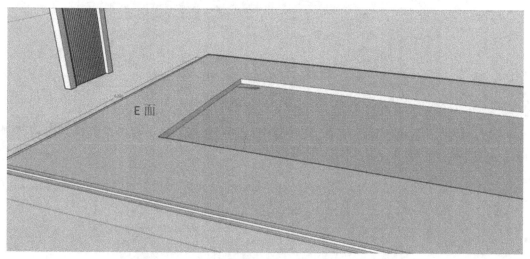

图 4-1-1-17

（19）再次选中 E 面，使用"推拉"工具（P）向上拖动 80 mm。完成后，三击整个模型以全选，然后右键选择"成组"选项。如图 4-1-1-18 所示。

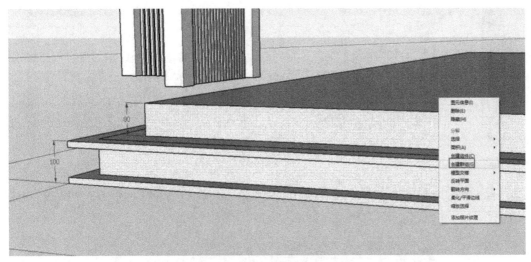

图 4-1-1-18

（20）点击工具栏上的"俯视图"图标，将视角切换至顶部视图。使用"直线"工具（L）在中空区域的两个相对的垂直边上，绘制两条 45°、相互平行的斜线，确保这两条线之间的距离为 40 mm。绘制两条与之相连的水平边线，以形成一个封闭面。如图 4-1-1-19所示。

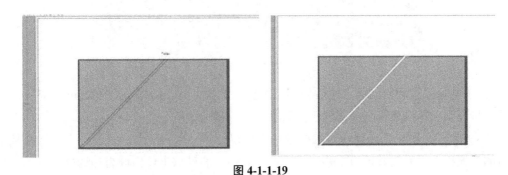

图 4-1-1-19

（21）双击选择刚绘制的面，然后使用"移动"工具（M）并按住 Ctrl 键实现复制模式，向左复制 12 次，每次间隔 400 mm，再向右复制 7 次，以确保整个中空区域被格栅完整覆盖。如图 4-1-1-20 所示。

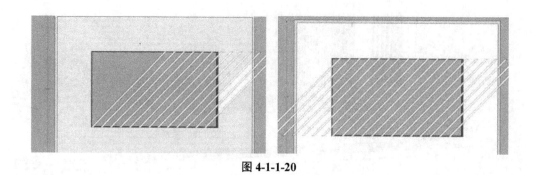

图 4-1-1-20

（22）在所有格栅面上添加必要的补线。删除与亭子顶部重叠的部分。如图 4-1-1-21
所示。

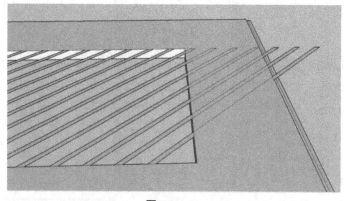

图 4-1-1-21

（23）选择经过切割的面，然后使用"推拉"工具（P），向外推出 40 mm 的高度。完
成这些步骤后，选择所有相关部件，然后右键并选择"成组"。

（24）为了制作与原格栅相对的格栅，您可以使用"翻转"命令。首先，选择并复制
现有的格栅组，然后沿其长边平移一定距离。随后，右键点击该格栅组并选择相应的翻转
命令以实现水平翻转。如图 4-1-1-22 所示。

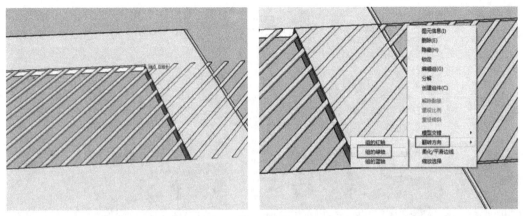

图 4-1-1-22

（25）根据图 4-1-1-23 的指示，将格栅移回其原始位置。沿着给定的方向和距离将两组格栅移动至亭子的顶部中心位置。

图 4-1-1-23

（26）完成格栅的安置后，将亭子的顶部与格栅组合。使用"翻转"命令，并沿蓝色轴线实现翻转。此操作如图 4-1-1-24 所示。

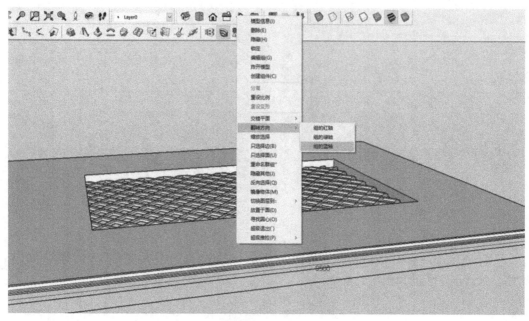

图 4-1-1-24

（27）导航到立柱模型。利用"矩形"工具（R）绘制横梁的横截面，其尺寸如图 4-1-1-25 所示。完成绘制后，使用"推拉"工具（P）将横截面推出成为立方体横梁，确保横梁与立柱和格栅顶部完美对齐。

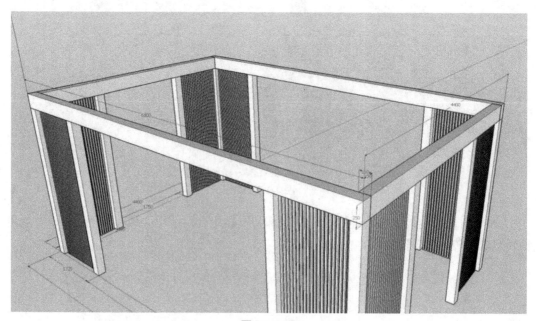

图 4-1-1-25

（28）将亭子顶部放置到横梁上，确保其精确地位于四根立柱的中心。为了确保位置准确，可以使用 SketchUp 2018 的坐标轴或临时绘制一些参考线。如图 4-1-1-26 所示。

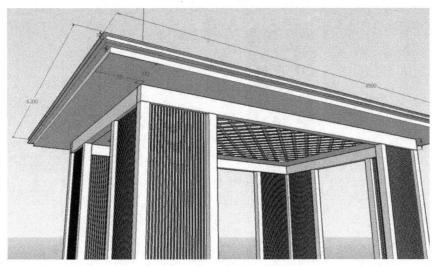

图 4-1-1-26

（29）模型的主体部分现已完成。我们要为模型添加质感。首先，在界面上找到并打开材质工具栏。

（30）在材质面板中，先全选整个模型，然后从材质库中选择合适的材质。本教程选择的是"木质纹"类别下的"原色樱桃木"。如图 4-1-1-27 所示。

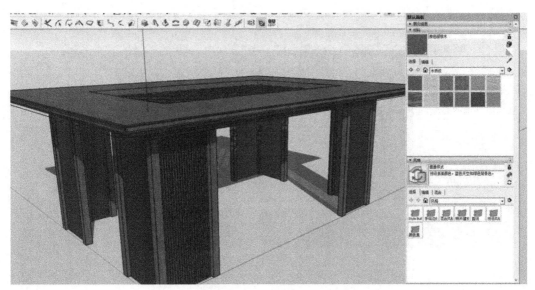

图 4-1-1-27

（31）旋转模型，确保每一个面都已经被正确地覆盖材质。随后，打开"风格/样式"面板，如图 4-1-1-28 所示。在"编辑"选项中，调整设置以使模型的边缘更加明显和清晰。

图 4-1-1-28

（32）为了确保所有的修改都是正确的，再次旋转并检查模型的各个方向。如图 4-1-1-29 所示。如果需要，再次调整风格/样式面板中的参数。

图 4-1-1-29

（33）点击视图工具栏中的不同按钮，从各种角度查看模型，确保其效果满足要求。
如图 4-1-1-29 所示。

（34）找到一个展示模型最佳的角度，点击"文件"选项保存。

（35）若要导出模型为二维图形，选择菜单栏上的"文件"｜"导出"｜"二维图
形"。在随后出现的"输出二维图形"对话框中，选择 jpeg 格式。根据需要调整分辨率和
图像质量，点击保存。如图 4-1-1-30 所示。常用的文件输出类型有 3 种，1）二维 jpg/jpeg
图形，适合演示；2）二维 cad 图形，适合制作施工图纸；3）三维 3ds 模型，适合 3DMAX
软件深化使用。

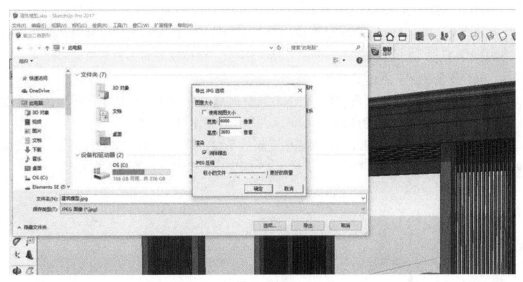

图 4-1-1-30

（36）完成导图。打开导出的 JPEG 文件，如图 4-1-1-31 所示。

图 4-1-1-31

4.2　创建室内各功能房间模型——实战训练

【知识要点】

SketchUp 2018 建筑模型制作。

SketchUp 2018 工具栏。

SketchUp 2018 窗口材料与风格面板。

在本节中，我们将探讨如何结合室内功能布局设计和色彩知识，使用 SketchUp 2018 的各种操作工具，来完整地设计一间办公室的模型。整体完成的办公室模型如图 4-1-2-1 所示。具体绘制步骤如下所示。

（1）选择"窗口" ｜ "模型信息"，在模型信息选项卡中，调整长度单位为"十进制"，单位为"cm"，精确度设为"0 mm"，并启用"显示单位格式"。

（2）从房间的基础结构开始。创建一个新的平面，其尺寸如图 4-1-2-2 所示。这可以通过"直线"工具（L）或"矩形"工具（R）来完成。接着，将地面独立成组。

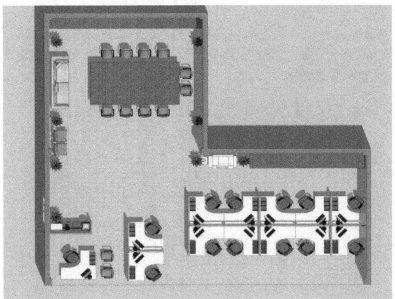

图 4-1-2-1

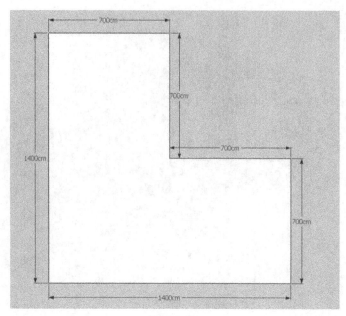

图 4-1-2-2

（3）为墙面设定厚度，设为向内部 30 cm。在各角落以及长边的中间，布置 40 cm×40 cm 的方块作为立柱，如图 4-1-2-3 所示。注意：立柱的间距由结构设计师根据建筑的负载、宽度和体量来确定。

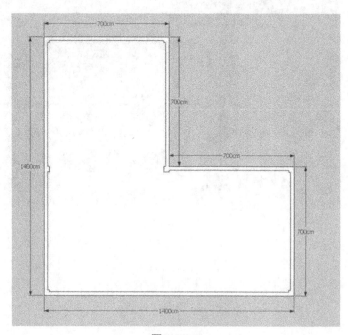

图 4-1-2-3

（4）使用"推拉"工具（P），将墙高度设置为 330 cm。将墙独立成组并移除一侧墙面以便操作，如图 4-1-2-4 所示。

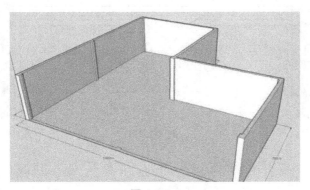

图 4-1-2-4

（5）进入墙的组内，开设一个入口作为大门，如图 4-1-2-5 所示。

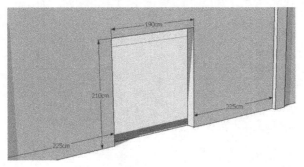

图 4-1-2-5

（6）复制墙的顶部至 270 cm 高，使用"偏移"工具（F），外扩 3 cm，并推伸 10 cm 以形成墙面装饰，如图 4-1-2-6 和图 4-1-2-7 所示。

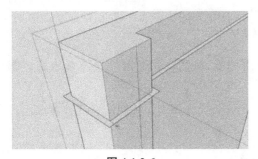

图 4-1-2-6

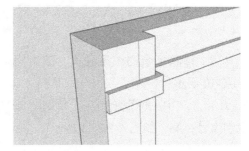

图 4-1-2-7

（7）在墙上开设窗户，确保窗户的最高点与装饰之间的间距不少于 30 cm，如图 4-1-

2-8 所示。

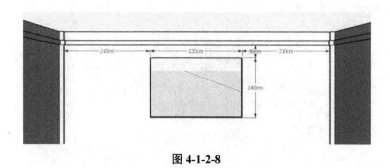

图 4-1-2-8

（8）绘制一个与大门开口相同大小的矩形并调整其尺寸，以形成门框，如图 4-1-2-9
所示。

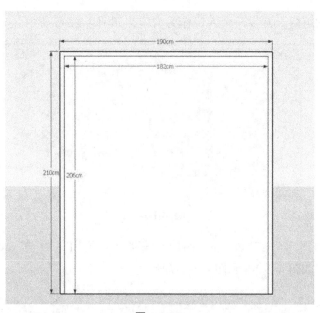

图 4-1-2-9

（9）移除多余的线条和面，推出门框厚度为 6 cm 后，双击选择整体并成组，如图
4-1-2-10 所示。

（10）在中央位置绘制一个单侧的玻璃门，推出 1 cm 厚度，并双击选择整体成组，再
复制出另一侧，如图 4-1-2-11 所示。

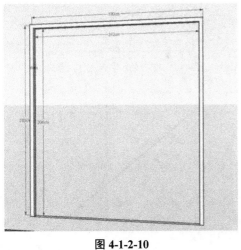 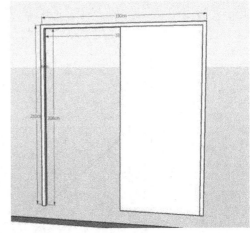

图 4-1-2-10   图 4-1-2-11

（11）接下来，为大门添加门把手，如图 4-1-2-12 所示。

图 4-1-2-12

（12）根据窗户开口的尺寸，绘制一个矩形，如图 4-1-2-13 所示。细化出窗框后，推出厚度为 8 cm，然后双击成组。

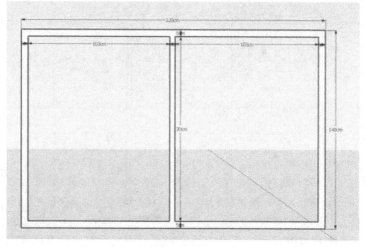

图 4-1-2-13

（13）在窗框内部创建一个 1 cm 厚的矩形作为玻璃窗，双击成组后，将窗户移至适当
位置，如图 4-1-2-14 所示。

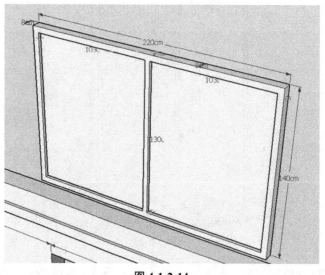

图 4-1-2-14

（14）至此，房间的基本结构已完成。接下来，我们开始制作室内配套家具。首先，
制作一个 660 cm × 60 cm × 90 cm 的矮柜。使用"直线"工具（L）以等比例绘制双线，如
图 4-1-2-15 所示。

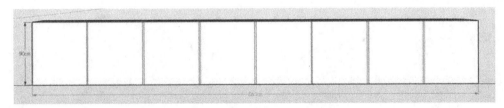

图 **4-1-2-15**

（15）使用"推拉"工具（P），向内压缩 2 cm，模拟柜门的厚度，如图 4-1-2-16 所示。完成后双击选择整体成组。

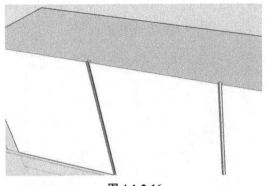

图 **4-1-2-16**

（16）开始制作会议桌。创建一个 8 cm × 220 cm × 480 cm 的矩形作为桌面。接着，绘制一个 8 cm × 8 cm 的正方形，使用"圆弧"工具（A）绘制弧形边缘，尺寸参照如图 4-1-2-17 所示。

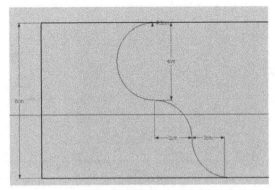

图 **4-1-2-17**

（17）使用"路径跟随"工具，将弧线应用于桌面上，如图 4-1-2-18 所示。

（18）选择桌面的中空部分，使用"偏移"工具（F），将中空部位推入，如图 4-1-2-19 所示。

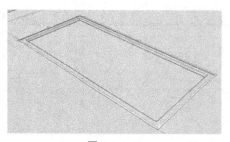
图 4-1-2-18

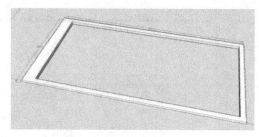
图 4-1-2-19

（19）新建一个 220 cm×480 cm 的长方形，在其内部偏移 20 cm 以创建一个边框。然后，创建一个 8 cm×8 cm×75 cm 的长方体，并右击选择成组。此组件放置在长方形的端点和中间位置，如图 4-1-2-20 和图 4-1-2-21 所示。

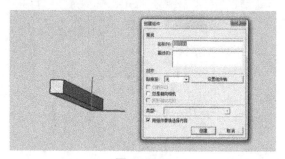
图 4-1-2-20

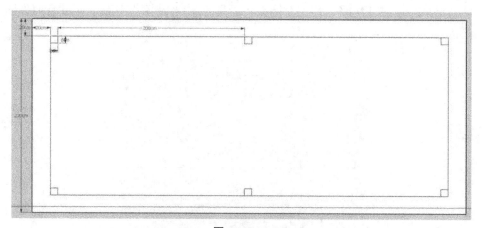
图 4-1-2-21

（20）随机选择其中一个组件，双击进入编辑模式。在组件内部偏移 2 cm，随后使用"圆弧"工具（A）修剪四个尖角，如图 4-1-2-22 和图 4-1-2-23 所示。

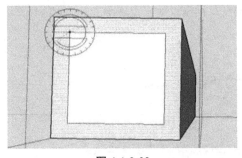

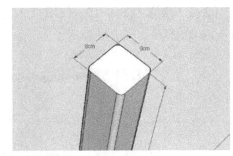

图 4-1-2-22   图 4-1-2-23

（21）完成编辑后，双击空白处退出。可以观察到其他组件也自动更新了相应的修改。现在，将调整好的桌腿移至桌面的正下方。为了精确定位，可以使用参考线辅助。调整完成后，选择所有部件并成组，如图 4-1-2-24 所示。

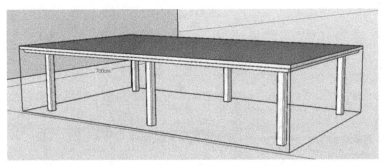

图 4-1-2-24

（22）接下来开始制作书橱。新建一个 80 cm × 250 cm × 500 cm 的长方体。通过垂直复制和移动顶部，将此长方体分为 170 cm、65 cm 和 15 cm 三部分。在中部和底部的三个可视面上分别向内推进 2 cm 和 4 cm，如图 4-1-2-25 所示。

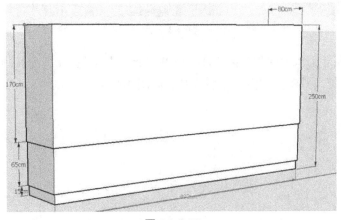

图 4-1-2-25

（23）仿照步骤 9 和 10，使用"直线"工具（L）和"推拉"工具（P）继续操作，如图 4-1-2-26 所示。

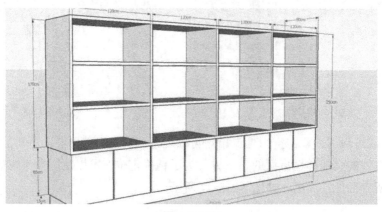

图 4-1-2-26

（24）对书橱进行细节调整，将其中的每一横板都向内偏移 2 cm。完成后成组，如图 4-1-2-27 所示。

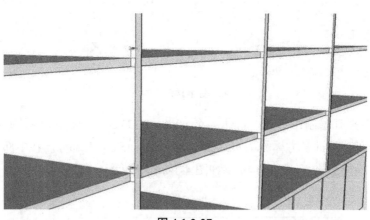

图 4-1-2-27

（25）根据实际需求确定柜门的大小，使用"推拉"工具（P）为其制作 1 cm 的厚度。完成后，选择该柜门并单独成组，然后复制，如图 4-1-2-28 所示。

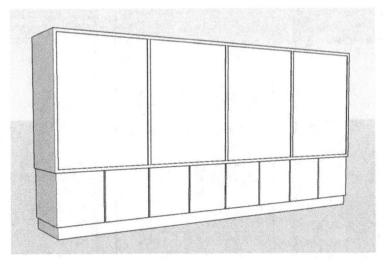

图 4-1-2-28

（26）至此，所有的室内配套家具均已制作完成。

（27）打开素材库，找到如打印机、桌椅、盆栽等相关的素材文件，如图 4-1-2-29 所示。结合这些素材和前面制作的家具，自由组合，完成办公室的整体布局。

图 4-1-2-29

（28）打开工具栏中的材质选项卡，开始为各部件调整材质属性。以下是一些示例参数，可以根据实际设计需要进行调整墙面材质（图 4-1-2-30）、墙面装饰材质（图 4-1-2-31）、地板材质（图 4-1-2-32）、机柜材质（图 4-1-2-33）、窗框和门框的金属件材质（图 4-1-2-34）以及玻璃材质（图 4-1-2-35）。

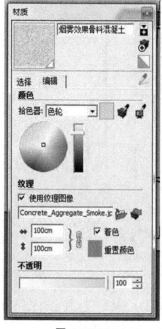

图 4-1-2-30

图 4-1-2-31

图 4-1-2-32

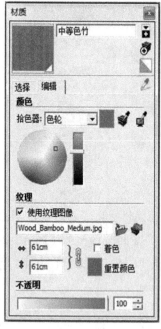

图 4-1-2-33

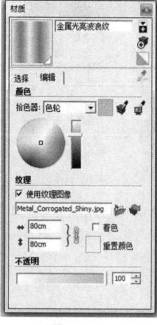

图 4-1-2-34

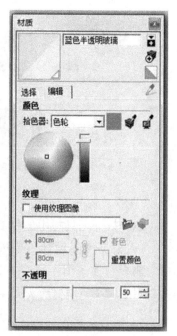

图 4-1-2-35

（29）完成所有调整后，保存并导出设计图，如图 4-1-2-36 和 4-1-2-37 所示。

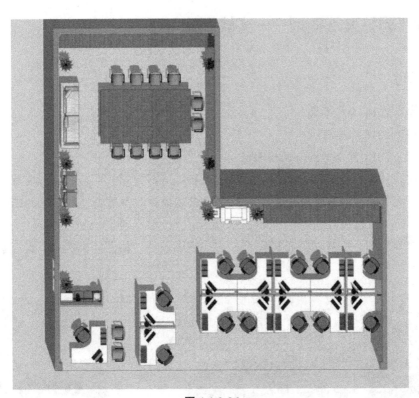

图 4-1-2-36

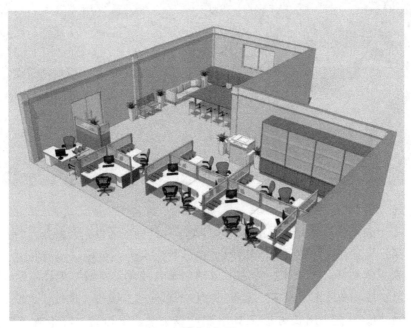

图 4-1-2-37

4.3 制作园林景观模型——实战训练

【知识要点】

SketchUp 2018 工作界面。

SketchUp 2018 工具栏。

SketchUp 2018 窗口材料与风格面板。

在中式园林中，建筑与自然环境实现了有机结合。建筑、广场、水体和植被的融合，成功打造了天人合一的庭院环境。大量的硬质景观设计非常适合使用 SketchUp 2018 进行模型绘制。

本节内容为结合景观功能布局设计，完成庭园设计。如图 4-2-1-1 所示。具体绘制步骤如下。

图 4-2-1-1

（1）新建一个足够大的平面，导入"园林平面图.dwg"文件，并确保文件位于平面之上。将两个文件组合并使模型与图纸线条重合。如图 4-2-1-2 所示。

（2）切换至俯视图。接下来，为未形成的面部分使用"直线"工具（L）进行填补。由于景观设计材质和高度细节众多，推荐按照以下顺序建立模型，铺地、台阶、水体、建筑、绿地及植物。首先，用长方形工具绘制广场铺装、走道砖、汀步等。如图 4-2-1-3

所示。

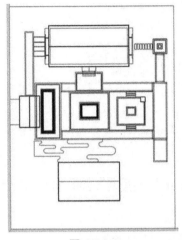

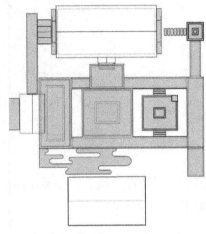

图 4-2-1-2   图 4-2-1-3

（3）继续细化铺装部分，根据底图使用偏移工具完成内部细节线条。确保所有细节都在同一平面上，并且各个面之间是独立的。如图 4-2-1-4 所示。

图 4-2-1-4

（4）完成上述操作后，隐藏底图并检查是否所有与铺装相关的平面都已完成。如图 4-2-1-5 所示。

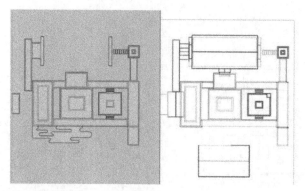

图 4-2-1-5

（5）将铺装部分组合，并添加厚度在 200~300 cm、高度在 2200~2800 cm 之间的围墙。如图 4-2-1-6 所示。

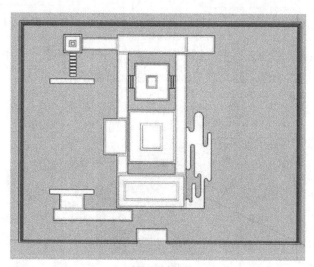

图 4-2-1-6

（6）铺装部分组合完成后，完成绿地平面，确保水体区域为空白。选中整个绿地部分并下移 5 cm。如图 4-2-1-7 所示。

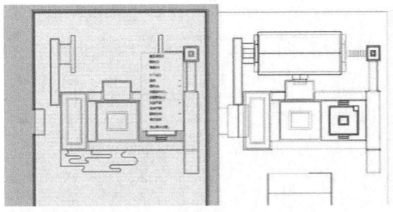

图 4-2-1-7

（7）绿地部分完成后，制作水体。为水体部分创建表面并下拉至 30 cm 深。双击选择整个水体并下移 10 cm。

（8）为三个模型组分配不同的颜色以便区分。如图 4-2-1-8 所示。

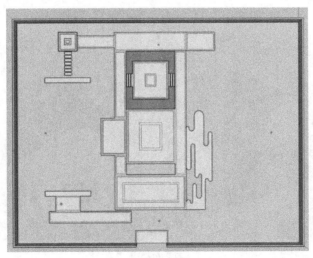

图 4-2-1-8

（9）进入铺装模型的编辑模式，使用不同深浅的灰色为各个部分分配材质。确保每一面都被重新分配材质。如图 4-2-1-9 所示。

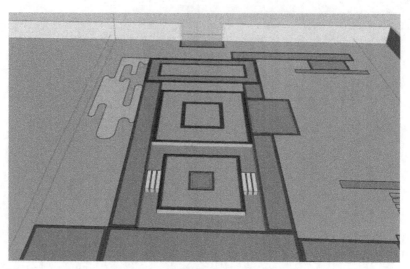

图 4-2-1-9

（10）完成上述操作后，导入建筑模型，并确保建筑入口与广场中心点对齐。如图
4-2-1-10 所示。

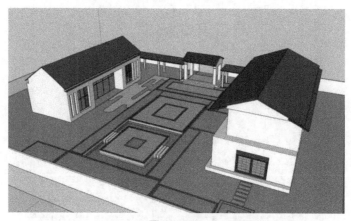

图 4-2-1-10

（11）为园林模型选择多个观察角度，并根据每个角度进一步细化场景。设置相机位
置和视野角度为 55°。接着打开"窗口"｜"动画"并新建场景。模型视口上方将显示场
景选项卡。如图 4-2-1-11 所示。

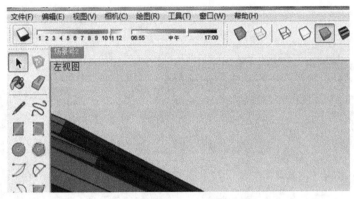

图 4-2-1-11

（12）按照上述方法，从不同角度展示模型效果。

（13）在不同的场景选项卡中，导入植物、座椅、人造山石等素材，并与铺装和建筑进行组合，以增强场景效果。

（14）打开阴影选项卡，显示阴影并调整日照角度。

（15）导出工作成果。如图 4-2-1-12 和 4-2-1-13 所示。

图 4-2-1-12

图 4-2-1-13

项目 5   SketchUp 2018 结合 V-Ray 的展示应用

【知识导引】

V-Ray，由专业渲染器开发公司 CHAOSGROUP 所开发，是业界最受欢迎的渲染引擎之一。基于 V-Ray 内核，已经开发出了诸如 V-Ray for SketchUp、V-Ray for 3Dmax 等多个版本，为各个领域的优秀 3D 建模软件提供了高质量的图片和动画渲染。

5.1 认识常用渲染工具 V-Ray

【知识要点】

认识 V-Ray for SketchUp 软件。

V-Ray for SketchUp 安装操作。

5.1.1 认识 V-Ray for SketchUp 软件

V-Ray for SketchUp 不仅完美地继承了 SketchUp 2018 的日照和贴图习惯，还确保了方案表现的连续性。其参数设置简单、材质调节灵活，并且灯光既简单又强大。只要掌握正确的操作技巧，用户就能轻易地制作出照片级的效果图。

1. 实战训练——V-Ray for SketchUp 软件的安装

（1）在安装 V-Ray for SketchUp 之前，确保已经在电脑上安装了 SketchUp 2018 软件。

（2）双击"vray_trial_36002_sketchup_win.exe"以开始英文版本的安装。选择"I Agree"继续。

（3）选择相应的 SketchUp 版本后，点击"Next"。

（4）按默认设置进行，点击"Install Now"。

（5）等待 V-Ray 3.6 for SketchUp 的安装程序执行完毕后，点击"Finish"完成安装。

（6）点击"V-Ray 3.60.02 for SketchUp 2015-2018 顶渲简体中文包.exe"进行中文版安装。

（7）软件会自动选择相应的 SketchUp 版本。

（8）按照提示点击下一步，直至看到安装完成提示框后，点击"完成"。

（9）启动 SketchUp 2018 主程序，在扩展菜单下可找到 V-Ray 3.6 汉化版。

2.V-Ray for SketchUp 与 V-Ray for 3dsMax 软件的比较

V-Ray 为 3dsMax 也提供了专门的渲染软件。相较于 V-Ray for SketchUp，V-Ray for 3dsMax 功能更为全面。V-Ray for 3DsMax 提供了诸如"光线跟踪"和"全局照明"等高级渲染器，替代了 Max 原有的"线性扫描渲染器"。它还包括了许多增强性能的特点，如"三维运动模糊""微三角形置换""焦散"等，还可通过 V-Ray 材质调节达到"次曲面散布"的 SSS 效果和进行"网络分布式渲染"。

3.V-Ray for SketchUp 与 V-Ray for 3dsMax 软件界面的比较

V-Ray for SketchUp 和 V-Ray for 3dsMax 的软件界面有所差异，主要表现在主界面及工具栏布局、渲染设置和材质编辑器等方面。读者可以安装 V-Ray for 3dsMax 软件，对比两款软件在安装操作与工具栏界面上的异同。

5.1.2　认识 V-Ray for SketchUp 参数系统

1. V-Ray for SketchUp 的工具栏

如图 5-1-2-1 所示，展示的是 V-Ray for SketchUp 的工具栏。用户可以通过导航至"菜单栏"｜"视图"｜"工具栏"｜"V-Ray for SketchUp"来打开此工具栏。

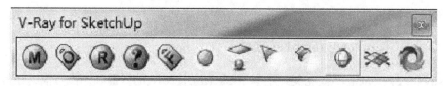

图 5-1-2-1

2. 工具栏按钮及其功能介绍

（1）V-Ray 材质编辑器。此工具用于编辑和预览场景中对象的材质。具体效果如图 5-1-2-2 所示。

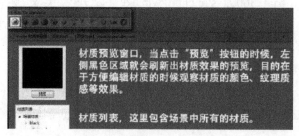

图 5-1-2-2

（2）V-Ray 参数面板。此面板用于调试渲染的环境、间接光等参数。常规需要调整的项目在此列出，但其它参数建议保持默认。具体界面如图 5-1-2-3 所示。

图 5-1-2-3

（3）启动渲染按钮。其中的区域渲染按钮特别适用于局部效果渲染，尤其在调整局部材质或光照等参数时。按钮的样式如图 5-1-2-4 所示。

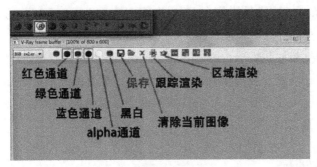

图 5-1-2-4

（4）帧缓存窗口按钮。用户可以点击此按钮来查看上次的渲染结果。

（5）工具栏上的灯光图标分别代表泛光灯、面光、聚光灯和 IES 灯光。

（6）最后两个图标分别是 V-Ray 无限平面和 V-Ray 球。V-Ray 无限平面可以直接生成一个无限大的平面，特别适用于包装产品展示或会展设计。而使用 V-Ray 球工具，则可以快速创建球体模型。

5.2 认识渲染操作

【知识要点】

V-Ray for SketchUp 的参数设计。
V-Ray for SketchUp 的特性操作。

5.2.1 V-Ray for SketchUp 参数面板的快速设定

1. V-Ray 渲染设置常用英文词汇

漫反射｜Diffuse	反射｜Reflection
折射｜Refraction	选项｜Option
贴图｜Maps	光泽度｜Glossiness
噪波｜Noise	环境｜Environment
全局照明｜Global Illumination	间接光照｜Indirect Illumination

2. 实战训练——V-Ray for SketchUp 渲染

V-Ray for SketchUp 渲染具体分为 15 个步骤，其中（1）～（10）为场景模型的细化与材质赋予，（11）～（13）为布光设置，（14）～（15）为渲染出图。

场景模型的细化与材质赋予。

（1）首先，打开模型，并为模型赋予贴图材质，然后调整好角度。

（2）选择墙面材质，点击 V-Ray 工具栏的材质编辑面板，在预览视口中可以看到所选材质的效果。如图 5-2-1-1 所示。

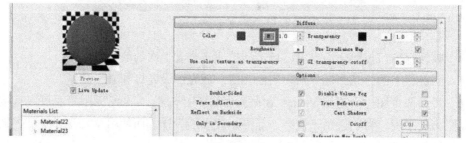

图 5-2-1-1

（3）创建反射图层，右击选择的材质并创建反射图层（reflection），可以看到类似陶瓷的反射效果。如图 5-2-1-2 所示。

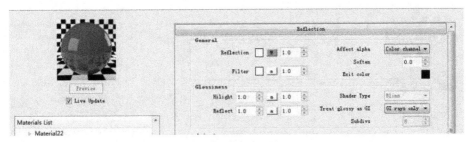

图 5-2-1-2

（4）将高光（hilight）和反射（reflect）的光泽度（glossiness）调整至 0.75，将反射强度调至 0.2。如图 5-2-1-3 所示。

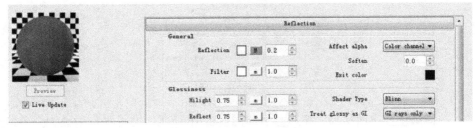

图 5-2-1-3

（5）选取玻璃材质，并按照图 5-2-1-4 所示调整参数。

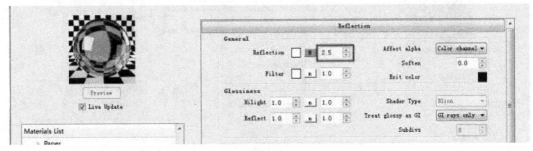

图 5-2-1-4

（6）选择石砌墙面材质，按照图 5-2-1-5 所示调整参数。

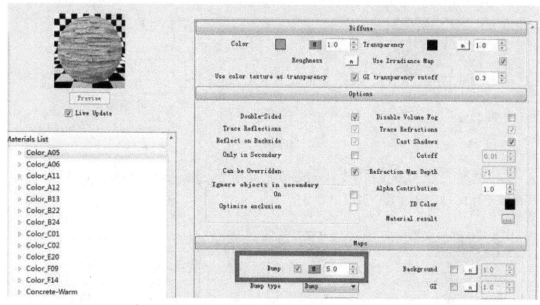

图 5-2-1-5

（7）选择黑色金属面材质，调整参数如图 5-2-1-6 所示，并将漫反射设为黑色，然后创建一个反射图层，接着调低光泽度。

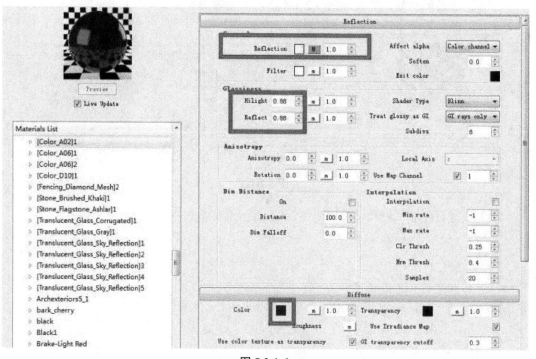

图 5-2-1-6

（8）此时，建筑主体与初步场景的材质设定已完成。

（9）接下来，开始细化周围环境。首先从水的材质开始，避免使用具有生硬感的贴图，而是通过属性调节水的漫反射。调整完成后的效果如图 5-2-1-7 所示。

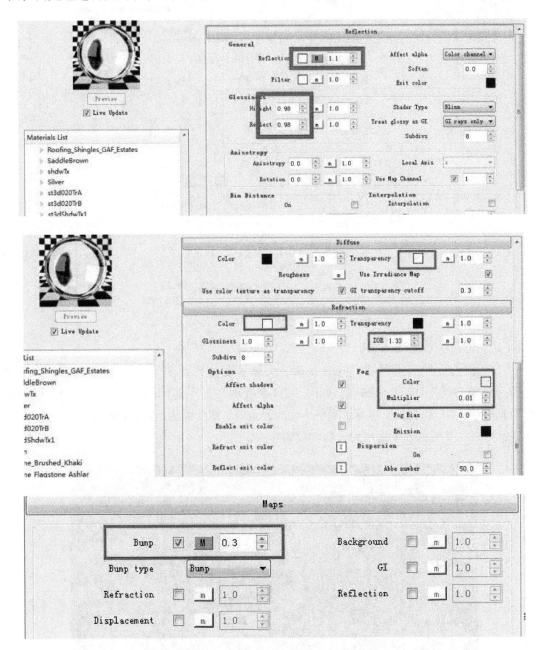

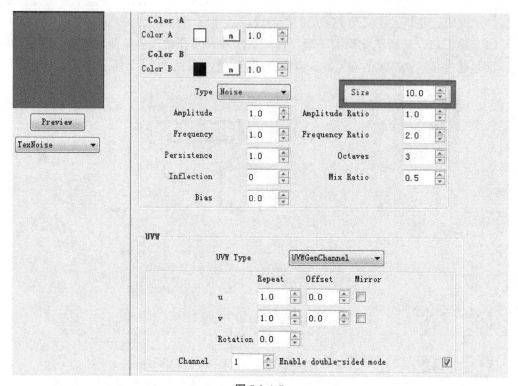

图 5-2-1-7

（10）进行场景测试。

（11）接着开始布光设置，利用 V-Ray 的球形光代替太阳，并使用 HDR 替代天空。选择一张黄昏的 HDR 天空贴图。如图 5-2-1-8 所示。在环境（environment）面板中，将全局光颜色（GI skylight）与背景颜色（background）都设置为上述 HDR 天空。完成设置后进行测试，并根据效果逐步加入植物模型。

图 5-2-1-8

（12）布置完室外环境后，开始进一步细化灯光设置。

（13）调整灯光参数，如图 5-2-1-9 所示。

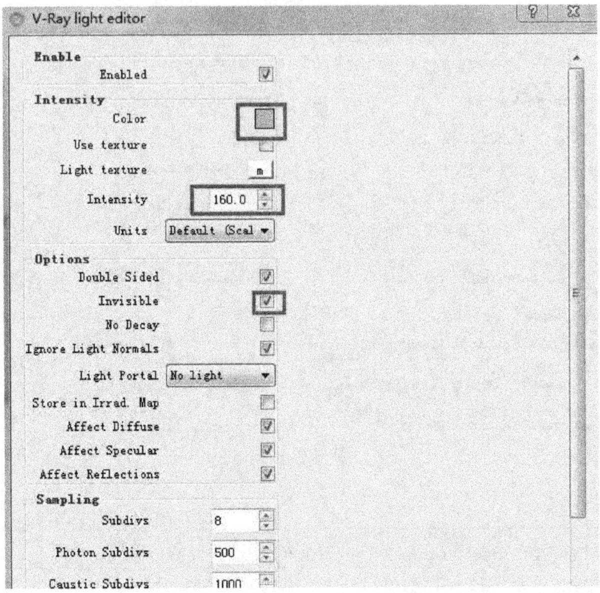

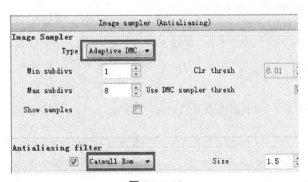

图 5-2-1-9

（14）开始最终渲染前，确保打开所有隐藏内容。在图像采样器（Image Sampler）中，将过滤模式更改为"自适应"并选择"Catmull Rom"作为抗锯齿过滤器以获得清晰的边缘细节。如图 5-2-1-10 所示。然后调整发光贴图（irradiance map），修改最大和最小比率，如图 5-2-1-11 所示。再调整灯光缓存（light cache），将细分度调至 1000，如图 5-2-1-12 所示。

图 5-2-1-10

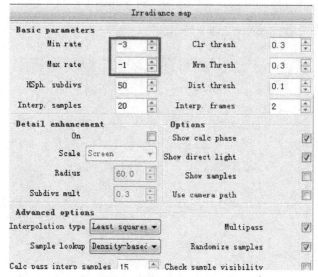

图 5-2-1-11

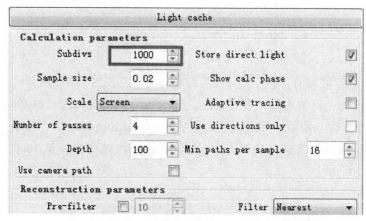

图 5-2-1-12

（15）完成并导出最终图像。

5.2.2　认识 V-Ray for SketchUp 的一些新功能

（1）视口渲染。这是一个新增功能，允许用户直接在 SketchUp 2018 视口内查看渲染效果。用户可以选择多个区域进行渲染，并使用 +/- 热键调整 V-Ray 渲染效果的透明度，从而对 SketchUp 2018 模型进行覆盖。

（2）强大的 GPU 渲染。GPU 渲染现增加了对空间透视、置换、子面散射及鬼魅材质阴影等特性的支持。

（3）GPU + CPU 混合渲染。基于 NVIDIA CUDA 的 V-Ray GPU 可以最大限度地利用

所有可用的硬件，这包括 CPU 和 GPU。

（4）自适照明。新的自适应光源模式可以在光源众多的场景中，帮助减少高达 700% 的渲染时间。

（5）V-RAY 场景导入。现在可以从其他应用程序如 3ds Max 或 Rhino 导入并渲染 V-Ray 场景。

（6）阳光审查。可对 SketchUp 2018 的太阳位置进行日光和阴影的审查。

（7）雾。新增的雾功能可以为场景创建逼真的 3D 雾效果和光线散射效果。

（8）新的纹理贴图。新版本提供了渐变、色温和程序噪声纹理贴图，这些都可以微调场景的外观。

（9）动画代理对象。通过 V-Ray 代理，用户现在可以轻松添加如走动的人或风吹摇摆的树木等带有动画的 3D 对象。

（10）更好的降噪。2018 版本的 V-Ray 降噪功能更为友好，设置更为简便，甚至可以在渲染完成后进行调整。